Samantha Mattioli

Engenharia química e topográfica

Samantha Mattioli

Engenharia química e topográfica

Superfície de materiais para aplicações biomédicas

ScienciaScripts

Imprint

Any brand names and product names mentioned in this book are subject to trademark, brand or patent protection and are trademarks or registered trademarks of their respective holders. The use of brand names, product names, common names, trade names, product descriptions etc. even without a particular marking in this work is in no way to be construed to mean that such names may be regarded as unrestricted in respect of trademark and brand protection legislation and could thus be used by anyone.

Cover image: www.ingimage.com

This book is a translation from the original published under ISBN 978-3-659-82973-4.

Publisher:
Sciencia Scripts
is a trademark of
Dodo Books Indian Ocean Ltd. and OmniScriptum S.R.L publishing group

120 High Road, East Finchley, London, N2 9ED, United Kingdom
Str. Armeneasca 28/1, office 1, Chisinau MD-2012, Republic of Moldova, Europe
Printed at: see last page
ISBN: 978-620-8-17347-0

Índice:

Anelamentos

Man mano che e passato il tempo la lista delle persone da ringraziare si e allungata sempre di piu. Il primo doveroso grazie va al Prof. Jose Maria Kenny per avermi permesso di svolgere questo lavoro che per me e stato anche un divertimento. Il secondo va a tutti i colleghi, a quelli con cui ho condiviso i laboratori e a quelli con cui ho condiviso i BBQ estivi. Un grazie speciale al gruppo del Prof. Orlacchio dell'Universita di Perugia, in special modo alla Dot.ssa Sabata Martino e al Dott. Francesco D'Angelo grazie ai quali sono riuscita a vedere l'applicazione del mio lavoro; al gruppo della Dott.ssa Livia Visai dell'Universita di Pavia che ha eseguito i test batterici.

Il ringraziamento piu grande e per coloro che hanno condiviso con me questa esperienza, su tutti Elena con cui e stato effettuato anche una parte del lavoro.

Ovviamente tutto questo lavoro non sarebbe stato possibile senza la guida e il sostegno della Dott.ssa Ilaria Armentano che per gli ultimi sei mesi mi ha anche sopportata come compagna di ufficio, spero di non essere stata troppo pesante, soprattutto negli ultimi giorni.

Prefácio

As propriedades da superfície dos biomateriais determinam o tipo e a força das comunicações entre o ambiente biológico e os materiais. Para a engenharia *in-vitro* de tecidos vivos, as células cultivadas são cultivadas em substratos bioactivos que fornecem as pistas físicas e químicas para orientar a sua diferenciação, pelo que os biomateriais, as suas superfícies e as tecnologias de fabrico desempenham um papel fundamental na medicina regenerativa. Um biomaterial é um material destinado a interagir com sistemas biológicos para avaliar, tratar, aumentar ou substituir qualquer tecido, órgão ou função do corpo. Inicialmente, os biomateriais foram escolhidos devido à sua inércia biológica, com o objetivo de minimizar a resposta imunitária do organismo ao material estranho. Os biomateriais de segunda geração foram desenvolvidos com o objetivo de adaptar ou reforçar o reconhecimento biológico, numa tentativa de melhorar a interface biomaterial-corpo. Os biomateriais de segunda geração utilizavam componentes bioactivos que podiam provocar uma ação e uma reação controladas no ambiente fisiológico. Atualmente, estão a ser concebidos biomateriais de terceira geração, que alargam o conceito de reconhecimento biológico a um reconhecimento biológico específico. Assim, os biomateriais de terceira geração têm como objetivo estimular respostas celulares precisas. Este estudo procurou abordar alguns tópicos da engenharia de tecidos, tais como as interações células/materiais e a modificação da superfície, para conceber novos dispositivos para aplicações de engenharia de tecidos. A engenharia de tecidos (Fig. 1), tal como definida por Langer e Vacanti, é um domínio multidisciplinar centrado no desenvolvimento e na aplicação de conhecimentos em química, física, engenharia, ciências da vida e ciências clínicas para a resolução de problemas médicos críticos, como a perda de tecidos e a falência de órgãos.

Princípios básicos da engenharia de tecidos

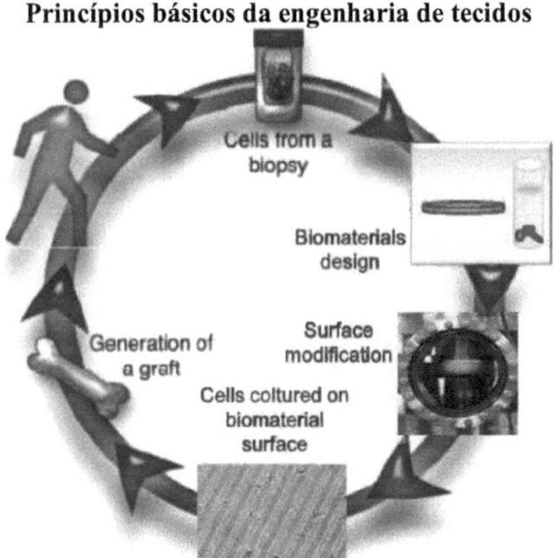

Figura 1: O paradigma da engenharia de tecidos.

Capítulo 1

INTRODUÇÃO

1.1 Objetivo do trabalho

O objetivo desta investigação é conceber, desenvolver e caraterizar superfícies de biomateriais, a fim de compreender os princípios básicos das interações entre células estaminais e substratos. Em particular, foi investigado o efeito da topografia e da química da superfície na adesão, crescimento e diferenciação das células. A superfície projectada e estruturada pode ser um sinal para as células em termos de fixação, proliferação e viabilidade. Foram investigados os parâmetros do processo de deposição para conceber películas finas micro e nanoestruturadas à base de carbono, foram modificadas as propriedades da superfície de materiais poliméricos, foram efectuadas modificações da superfície de polímeros não biodegradáveis tanto em termos de topografia como de afinidade biológica, foram estudados os efeitos das modificações da superfície na degradação de polímeros biodegradáveis e o modo como esta engenharia da superfície pode influenciar não só o comportamento das células, mas também as propriedades antibacterianas dos nanocompósitos.

1.2 Estado da arte

1.2.1 Biomateriais

Vários materiais têm sido utilizados em medicina, desde metais e cerâmicas para aplicações dentárias e ortopédicas a "materiais moles" para cirurgia cardiovascular (cirurgia clínica do coração e dos vasos sanguíneos) e cirurgia plástica. Por exemplo, os polímeros como o polimetacrilato de metilo, o tereftalato de polietileno e as poliamidas são utilizados há muito tempo em cirurgia. Juntamente com o politetrafluoroetileno, os poliuretanos, o polipropileno e o cloreto de polivinilo, formam uma importante classe de materiais "moles" na tecnologia biomédica. Uma série de artigos, recensões e livros de grande relevo abordam os desafios actuais e os aspectos futuros dos materiais biomédicos, especialmente no domínio dos biomateriais poliméricos. Se um material biomédico for implantado num tecido vivo, ocorre uma cascata de reacções do hospedeiro na interface entre o tecido e o material, conhecida como resposta inflamatória [1-3]. Esta resposta inflamatória termina num encapsulamento do material, o que significa o desenvolvimento de um tecido cicatricial em torno do biomaterial [1]. O primeiro passo nesta resposta é a interação de proteínas e células sanguíneas dos fluidos corporais com a superfície do biomaterial. Consequentemente, a adsorção de proteínas na superfície do biomaterial é uma questão importante na sua conceção. Até à data, foi efectuado um grande número de estudos físico-químicos e bioquímicos sobre os fundamentos e as aplicações das proteínas adsorvidas à superfície de um material [4-8]. A definição de biocompatibilidade da Sociedade Europeia de Biomateriais como "a capacidade de um biomaterial induzir a resposta adequada numa aplicação específica" é muito vaga, uma vez que a biocompatibilidade é definida de acordo com a aplicação. Assim, sob o aspeto da biocompatibilidade são necessários vários testes, que devem ser realizados em conjunto com métodos de análise físico-química, mas também devem ser realizados simultaneamente em intercâmbio direto com os respectivos sistemas biológicos. O biomaterial deve ser não tóxico, não mutagénico, não cancerígeno, não provocar resposta inflamatória, não induzir reacções alérgicas ou imunológicas e não irritar as estruturas circundantes.

1.2.2 Importância da superfície nos materiais biomédicos

As interações célula-substrato são cruciais em muitos fenómenos biológicos. O conhecimento destas interações é uma parte essencial para a compreensão de muitas questões biológicas fundamentais e para a conceção de dispositivos médicos. Embora as interações fundamentais ocorram à escala molecular, existe uma ligação sinérgica interessante e única entre a escala nanométrica e a escala micrométrica. Na Fig. 1.1 é apresentada uma ilustração esquemática dos acontecimentos quando uma superfície é subitamente colocada num meio biológico contendo células. As primeiras moléculas a atingir a superfície (escala de tempo da ordem dos ns) são as moléculas de água. Sabe-se que a água interage e se liga de forma muito diferente nas superfícies, dependendo das propriedades da superfície. As propriedades da água à superfície são um fator importante que influencia as proteínas e outras moléculas que chegam um pouco mais tarde. Estas biomoléculas solúveis em água também têm invólucros de hidratação (água) e a interação entre o invólucro de água da superfície e o invólucro de água biomolecular influencia os processos cinéticos fundamentais e a termodinâmica na interface. Por exemplo, pode determinar se as proteínas desnaturam ou não, a sua orientação e cobertura, etc. Quando as células chegam à superfície, "vêem" uma superfície coberta de proteínas cuja camada proteica tem propriedades que foram inicialmente determinadas pelas camadas de água pré-formadas. No caso dos implantes médicos, a importância da ciência das superfícies é bastante óbvia. O objetivo clínico é obter uma fixação segura do implante a longo prazo (ou seja, durante toda a vida). É obviamente importante alcançar esta função com o menor tempo de cicatrização possível, com uma taxa de insucesso muito reduzida e com o mínimo de desconforto para o doente. O desenho da superfície é um dos muitos componentes que contribuem para o cumprimento do objetivo clínico. Uma escolha inadequada do material ou do revestimento da superfície pode levar a uma resposta inflamatória demasiado forte que se junta ao processo inflamatório já iniciado pelo procedimento cirúrgico. O desempenho de muitos dispositivos médicos implantáveis depende também da resposta desejada entre o dispositivo e o tecido. A resposta das células a sinais topográficos e o conceito de orientação por contacto são conhecidos há décadas [10, 11]. Várias caraterísticas topográficas, tais como sulcos, cristas, batentes, poros, poços e nós em micro ou nanoescala [12-21], foram apresentadas a uma grande variedade de células: fibroblastos [22-26], células BHK [27], células neuronais [28], macrófagos [29, 30], células epiteliais [31], células endoteliais e células musculares lisas (SMC) [32-35]. A topografia pode influenciar as respostas celulares, desde a fixação inicial e a migração até à diferenciação e produção de novos tecidos [12, 21, 36]. Embora a grande maioria destes estudos de interação célula-substrato tenha sido realizada com caraterísticas na gama dos microns, descobertas recentes sublinham o fenómeno de que as células de mamíferos respondem a caraterísticas à escala nanométrica numa superfície sintética [22,23,31-33,35]. A topografia nanométrica tem vindo a receber uma atenção crescente devido à sua semelhança com o ambiente *in vivo*. No seu ambiente natural, as células interagem com componentes da matriz extracelular à escala nanométrica. Por exemplo, a membrana basal de muitos tecidos apresenta caraterísticas de poros, fibras e cristas na escala nanométrica [37]. As fibras de colagénio nos tecidos conjuntivos são também compostas por moléculas de tropocolagénio que se associam para formar microfibrilhas com uma periodicidade, ou o aparecimento de bandas, de 66 nm [12]. Uma melhor compreensão da resposta celular aos nanopadrões seria, por conseguinte, importante para a conceção e aplicação de biomateriais. A engenharia de tais superfícies exige um conjunto completo de ferramentas de ciências da superfície.

O comportamento biológico de um implante é fortemente influenciado pela situação química presente na superfície do implante. Por conseguinte, as bioreacções podem ser moduladas através da afinação da química da superfície dos biomateriais de um implante, como a composição elementar, para criar uma superfície específica que produza uma resposta biológica definida. Isto pode ser feito através de ligas ou de tratamentos de superfície, por exemplo, exposição a plasma, implantação de iões ou fixação química de moléculas específicas. O processo de conversão de forças físicas em sinais bioquímicos e de integração destes sinais nas respostas celulares é designado por mecanotransdução. É provável que exista uma variedade de mecanismos de deteção e de locais no interior da célula onde as forças podem ser transduzidas de um sinal mecânico para um sinal bioquímico. Apesar desta aparente complexidade, é provável que as células estimuladas de formas diferentes sejam activadas por mecanismos semelhantes a nível molecular. Davies et al. [38] propuseram pela primeira vez que a mecanotransdução poderia ser vista como ocorrendo no local de aplicação da força ou em locais mais remotos da célula devido à transmissão da força ao núcleo, às adesões célula-matriz ou às junções célula-célula. A exploração dos modelos de mecanotransdução acima referidos baseia-se na utilização de diferentes métodos de aplicação de forças mecânicas às células vivas. Uma das principais realizações no domínio da mecanotransdução foi o desenvolvimento de dispositivos cuidadosamente concebidos para impor forças mecânicas.

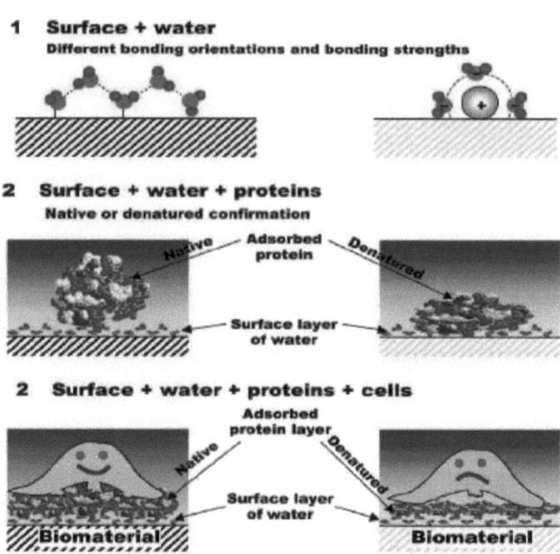

Figura 1.1: Ilustração esquemática dos acontecimentos sucessivos que se seguem à implantação de um implante médico [9].

1.2.3 Modificação topográfica e química da superfície

As propriedades da superfície dos materiais são um fator-chave para o sucesso do tecido artificial, uma vez que as primeiras interações entre as células e o substrato são a adsorção de proteínas e, em seguida, a adesão celular. É sabido que tanto as propriedades químicas como as topográficas das superfícies dos materiais podem influenciar o comportamento celular e controlar a forma, as funções e a motilidade das células. Estudos recentes destacaram os mecanismos de reconhecimento da superfície celular e forneceram dados sólidos para a obtenção de novos materiais capazes de orientar e ativar o comportamento específico das células no biomaterial [39-41]. Em particular, os efeitos da microtopografia e, mais recentemente, o efeito da nanotopografia na biologia celular representam também uma questão crítica [42-47]. Foi demonstrado que a conceção de superfícies que geram nanotopografia de biomateriais para estratégias baseadas na engenharia de tecidos melhora a diferenciação das células progenitoras na sua via de linhagem programada. Com este objetivo, têm sido envidados esforços para adaptar a superfície dos dispositivos biomédicos e dos biomateriais em geral, a fim de fornecer pistas químicas e físicas para que se tornem biocompatíveis com os tecidos circundantes ou para orientar as células na formação de tecidos [7]. A modificação química das superfícies dos biomateriais é uma das abordagens mais recentes que permite uma maior biocompatibilidade, proporcionando simultaneamente um veículo de entrega de proteínas. Do mesmo modo, a adsorção física, as modificações mediadas por radiação, o enxerto e as modificações proteicas são outros métodos que têm sido empregues com êxito para alterar as propriedades da superfície dos suportes. A fim de aplicar os materiais na engenharia de tecidos, as suas superfícies foram química e fisicamente modificadas com moléculas bioactivas e ligandos reconhecíveis pelas células após a condição de processamento; isto proporciona subsequentemente microambientes biomoduladores ou biomiméticos para o contacto com células e tecidos. Foram utilizadas várias estratégias de funcionalização de suportes de nanocompósitos com moléculas bioactivas, incluindo proteínas, ácidos nucleicos e hidratos de carbono [49]. Nesta secção, são descritos métodos de imobilização topográfica e química de moléculas bioactivas na superfície de vários suportes poliméricos. Por conseguinte, foram adoptadas muitas abordagens para modificar a superfície dos biomateriais, a fim de introduzir caraterísticas superficiais úteis no polímero. As técnicas de tratamento da superfície, como o tratamento por plasma, a pulverização iónica, a oxidação e a descarga corona, afectam as propriedades químicas e físicas da camada superficial sem alterar significativamente as propriedades do material a granel. Utilizando processos de plasma, é possível alterar a composição química e as propriedades como a molhabilidade, a energia da superfície, a adesão ao metal, o índice de refração, a dureza, a inércia química e a biocompatibilidade [50]. As técnicas de plasma podem ser facilmente utilizadas para induzir os grupos ou cadeias desejados na superfície de um material [5153]. O tratamento por plasma de substratos poliméricos tem sido vulgarmente utilizado para adaptar a adesão à superfície e as propriedades de molhagem, alterando a composição química da superfície [53]. A seleção adequada da fonte de plasma permite a introdução de diversos grupos funcionais na superfície alvo para melhorar a biocompatibilidade ou para permitir a subsequente imobilização covalente de várias moléculas bioactivas. Por exemplo, os tratamentos típicos de plasma com oxigénio, amoníaco ou ar podem gerar grupos carboxilo ou grupos amina na superfície [54-57]. O tratamento com plasma afecta a química da superfície do polímero biodegradável, mas ao mesmo tempo também introduz alterações significativas na topografia [58, 59]. Uma variedade de componentes proteicos da matriz extracelular, como a gelatina, o colagénio, a laminina e a fibronectina, pode ser imobilizada na superfície tratada com plasma para melhorar a adesão e a proliferação celulares [60, 61]. Um dos métodos de modificação da superfície de substratos de biopolímeros é a fixação de componentes da matriz extracelular ou dos seus péptidos sintéticos derivados. A sequência peptídica pode interagir com os receptores de integrina nos pontos de adesão focal. Quando a sequência de aminoácidos arginina (R), glicina (G) e aspartato (D) (RGD) é reconhecida e se liga às integrinas, inicia um processo de adesão celular mediado por integrinas e ativa a transdução de sinais entre a célula e a matriz extracelular (MEC), influenciando assim o comportamento das células no substrato, incluindo a proliferação, diferenciação, apoptose, sobrevivência e migração [62]. O péptido RGD foi imobilizado em superfícies bidimensionais de películas de polímeros biodegradáveis [63] e em estruturas porosas 3D [64]. Uma vez que os suportes tridimensionais têm uma área de superfície maior e uma estrutura porosa altamente interligada com porosidade e tamanho de poro adequados, a modificação da superfície do suporte para melhorar a interação entre as células e a superfície do suporte tem mais potencial na engenharia de tecidos. Foi demonstrado que a adesão das células estromais da medula óssea do rato foi significativamente melhorada nas películas de policaprolactona (PCL) modificadas com RGD numa condição de cultura sem soro. O tratamento com plasma de oxigénio por radiofrequência foi eficaz na alteração das propriedades da superfície das películas de PLLA e dos suportes porosos. Foi demonstrado que o tratamento funcionaliza homogeneamente a superfície do PLLA sem afetar as suas propriedades em massa. O tratamento com plasma foi bem sucedido na obtenção de uma funcionalização tridimensional sem qualquer efeito adverso na composição química e na estrutura dos suportes, preservando assim as suas propriedades para aplicações de engenharia de tecidos. Foi demonstrado que os efeitos dos tratamentos com plasma de oxigénio na superfície do material alteram a molhabilidade e a rugosidade e permitem a interação selectiva entre a superfície do polímero PLLA e a proteína, melhorando ainda mais a fixação das células estaminais [65]. Sugere-se que esta abordagem possa ser utilizada com vários tipos de proteínas e factores de crescimento específicos para modular as funções celulares subsequentes, como a proliferação, a diferenciação e a migração em superfícies de biomateriais.

1.2.4 As técnicas de modificação da superfície

A técnica de microfabricação, combinada com conhecimentos de química de superfícies e de ciência dos materiais, proporcionou novas ferramentas para explorar mais aprofundadamente, *in vitro*, as interações das células dependentes de ancoragem com o seu ambiente. Pode ser utilizada uma série de técnicas para criar pistas topográficas e químicas bem definidas para a modelação das células. Muitas destas abordagens baseiam-se na fotolitografia e na gravação com iões reactivos. A isto pode seguir-se a gravação anisotrópica ou o tratamento com UV e descarga luminescente [13]. Outras técnicas utilizadas para produzir elementos com dimensões controladas incluem a deposição por ângulo de reflexão [14], a ablação por laser [15], a deposição por laser [16], a moldagem de réplicas de matrizes de litografia de raios X [17], a litografia por impressão [18], a impressão e gravação por microcontacto [19], a impressão por jato de tinta [20] e o corte por diamante. Estas técnicas são geralmente adequadas apenas para a micropadronização. Para diminuir o tamanho, a fotolitografia está limitada por limitações de difração. Sem a utilização de máscaras de mudança de fase, a sua resolução é da ordem do comprimento de onda da luz utilizada para a exposição (normalmente 4200 nm). A litografia por feixe de electrões pode ser utilizada para produzir padrões à nanoescala, mas é dispendiosa e morosa. Foi descrito um método simples para fabricar nano-ilhas de 1395 nm de altura com base na separação de fases de poliestireno e poli(4-bromostyrene) revestidos por rotação em bolachas de silício [22, 25].

A preparação por métodos de deposição de película fina (PVD, CVD) e por métodos de plasma de descarga luminescente é comum no desenvolvimento de biointerfaces híbridas. Os métodos químicos por via húmida, como as monocamadas automontadas, a química coloidal, as microemulsões, as micelas e as vesículas, são utilizados porque têm a capacidade de produzir padrões químicos e topográficos interessantes nas superfícies. Além disso, são normalmente rápidos e, muitas vezes, pouco dispendiosos. A química sintética de polímeros, proteínas e oligonucleótidos é cada vez mais importante, pois permite produzir ligandos que podem ancorar seletivamente cadeias de polímeros, péptidos, oligonucleótidos ou proteínas inteiras desejadas às superfícies. Toda a gama de métodos de nano e microfabricação constitui ferramentas importantes para a modelação funcional de superfícies.

1.3 A técnica do plasma

O plasma pode ser definido como um gás que contém espécies carregadas e neutras, incluindo: electrões, iões positivos, iões negativos, átomos e moléculas. O plasma é eletricamente neutro, porque qualquer desequilíbrio de cargas resultaria em campos eléctricos que tenderiam a mover as cargas de forma a eliminar o desequilíbrio. O plasma pode ser iniciado e mantido por um campo elétrico que é produzido por uma fonte de alimentação de corrente alternada. Na Fig. 1.2 é apresentada uma representação esquemática do aparelho de plasma presente nos nossos laboratórios da Universidade de Perugia (aparelho Sistec com fonte de alimentação Huttinger) e utilizado para a atividade de investigação descrita nesta tese. Uma fonte de energia fornece energia à descarga principal do plasma, onde são geradas espécies reactivas e iões. Quando os electrões aceleram, colidem com o gás neutro e podem causar ionização, dissociação e excitação. Estas espécies são transportadas para o substrato. Quando os electrões fazem as transições entre as órbitas, emitem exatamente a diferença de energia entre as órbitas sob a forma de um fotão. O comprimento de onda da luz emitida é exatamente a diferença de energia entre as duas órbitas. Assim, um átomo emite apenas determinados comprimentos de onda discretos, na Fig. 1.3 foi referido como exemplo o plasma violeta produzido pelo gás metano. As várias tecnologias de plasma para modificação de superfícies são geralmente agrupadas nas três categorias seguintes (Fig. 1.4):
- deposição de vapor químico enriquecida com plasma (PECVD),
- tratamentos com plasma e
- gravação por plasma.

O PECVD trata da deposição por plasma de películas finas aderentes e sem vazios, com composição química e propriedades sintonizáveis com os parâmetros externos do processo. Os elementos constitutivos do revestimento são gerados no plasma por fragmentação do gás de alimentação. O bombardeamento com iões positivos das superfícies expostas à descarga e as reacções de ablação assistem, de diferentes formas, a todo o processo de deposição [66]. Os tratamentos com plasma indicam normalmente processos de modificação de materiais através do enxerto de funções químicas e/ou da ligação cruzada das suas superfícies. São utilizadas alimentações não depositantes (**O2, N2, H2,** etc.) e inertes (*Ar, He*). Na literatura biomédica, é bastante comum encontrar os tratamentos por plasma de gases inertes descritos como processos de "etching", devido à sua utilização como procedimentos de limpeza dos substratos antes da enxertia por plasma dos processos PECVD. O "etching" por plasma indica processos em que os materiais são ablacionados através de reacções com espécies activas geradas no plasma para formar produtos voláteis [67]. O plasma é gerado pela aplicação de um campo elétrico a uma mistura gasosa confinada num reator de baixa pressão devidamente configurado, utilizando uma radiação de radiofrequência a 13,56 MHz.

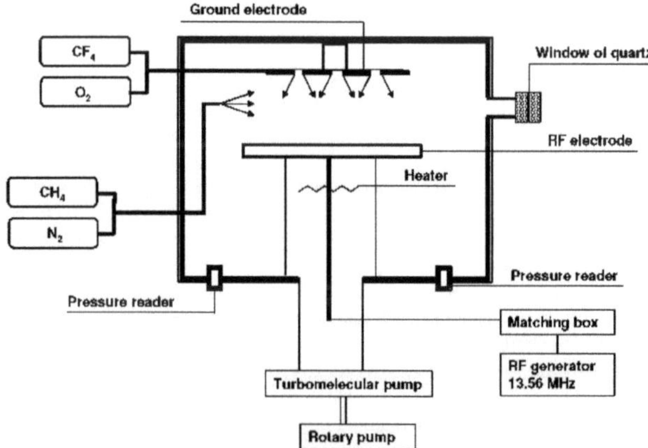

Figura 1.2: Representação esquemática do aparelho para os tratamentos de plasma.

Figura 1.3: Imagem da máquina rf-PECVD de plasma de metano.

1.   4Métodos de caraterização
As principais técnicas de caraterização utilizadas para a realização destes estudos foram:
    -Ângulo de contacto estático

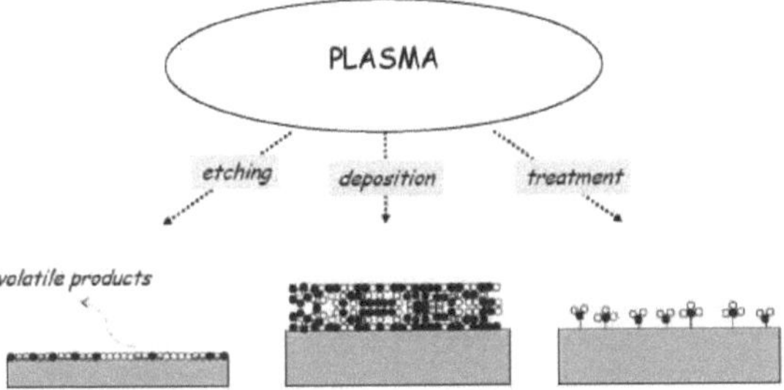

Figura 1.4: Interações da superfície da Plasa.

• Microscópio de força atómica (AFM)
• Microscópio eletrónico de varrimento por emissão de campo (FESEM)

As medições do ângulo de contacto são um dos métodos mais simples para determinar as alterações que ocorrem na camada mais externa dos materiais durante os seus tratamentos de superfície. O ângulo de contacto é o ângulo em que uma interface líquido/vapor encontra uma superfície sólida. O ângulo de contacto é específico para um dado sistema e é determinado pelas interações entre as três interfaces. Na maioria das vezes, o conceito é ilustrado com uma pequena gota de líquido que repousa sobre uma superfície sólida horizontal e plana (Fig. 1.5). Se o líquido for fortemente atraído para a superfície sólida (por exemplo, água num sólido fortemente hidrofílico), a gotícula espalhar-se-á completamente na superfície sólida e o ângulo de contacto será próximo de 0°. Os sólidos menos fortemente hidrofílicos terão um ângulo de contacto até 90°. Em muitas superfícies altamente hidrofílicas, as gotículas de água apresentam ângulos de contacto de 0° a 30° (Fig. 1.6 b). Se a superfície for hidrofóbica, o ângulo de contacto será superior a 90°. Em superfícies altamente hidrofóbicas, os ângulos de contacto da água podem atingir ~ 120° em materiais de baixa energia. No entanto, alguns materiais com uma superfície altamente rugosa podem ter um ângulo de contacto com a água superior a 150° (Fig. 1.6 a). Estas superfícies são designadas por superfícies super-hidrofóbicas. A técnica da gota séssil é um método utilizado para a caraterização das energias de superfície dos sólidos. A principal premissa do método é que, ao colocar uma gota de líquido com uma energia de superfície conhecida, a forma da gota, especificamente o ângulo de contacto, e a energia de superfície conhecida do líquido são os parâmetros que podem ser utilizados para calcular a energia de superfície da amostra sólida. O líquido utilizado para estas experiências é designado por líquido de sonda, sendo necessária a utilização de vários líquidos de sonda diferentes. A descrição teórica do contacto resulta da consideração de um equilíbrio termodinâmico entre as três fases: líquido (gotícula), sólido (amostra) e vapor (ambiente) que, em equilíbrio, devem ser iguais. A equação de equilíbrio (conhecida como equação de Young) é a seguinte

$$0 = \gamma_{SG} - \gamma_{SL} - \gamma_{LG}\cos\vartheta_C$$

em que *ySG* é a energia interfacial sólido-vapor, *ySL* é a energia interfacial sólido-líquido, *yLG* é a energia líquido-vapor e *$C* é o ângulo de contacto. Tradicionalmente, assume-se que a energia de superfície global é simplesmente a soma das contribuições das interações dispersivas e das interações polares ($y = y^d + y^p$).

O ângulo de contacto e a energia da superfície são afectados pela química e topografia da superfície e pela micro e nano rugosidade. Para este estudo, os ângulos de contacto foram avaliados utilizando o método da gota séssil no ar com um analisador FTA1000 (Fig. 1.7). Foram utilizadas gotas de água estéril de 20 pl (água de qualidade para cromatografia líquida de alto desempenho) para efetuar as medições da molhabilidade, tendo o líquido caído a uma velocidade de 5 pl/s. Para estudar a energia de superfície, foi também medido o ângulo de contacto com o diiodometano.

Para caraterizar a morfologia da superfície, foram utilizados dois tipos de microscópio: o microscópio de força atómica (AFM) e o microscópio eletrónico de varrimento por emissão de campo (FESEM). O AFM (Fig. 1.9) é um dos instrumentos mais importantes para a imagiologia, a medição e a manipulação da matéria à escala nanométrica. A informação

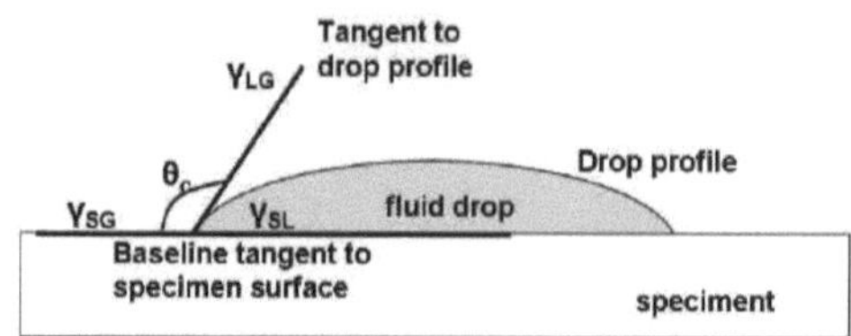

Figura 1.5: Diagrama esquemático de um ângulo de contacto formado por uma gota de sésil em repouso sobre uma superfície sólida, energia de superfície e ângulo de contacto.

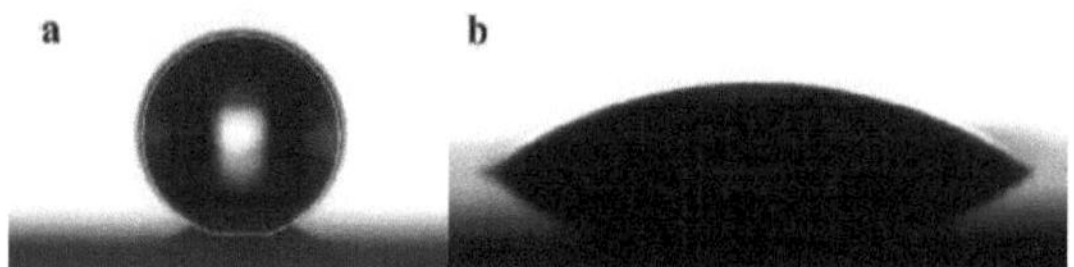

Figura 1.6: Imagens de gotículas de água em dois substratos diferentes, o hidrofóbico (a) e o hidrofílico (b), como exemplo.

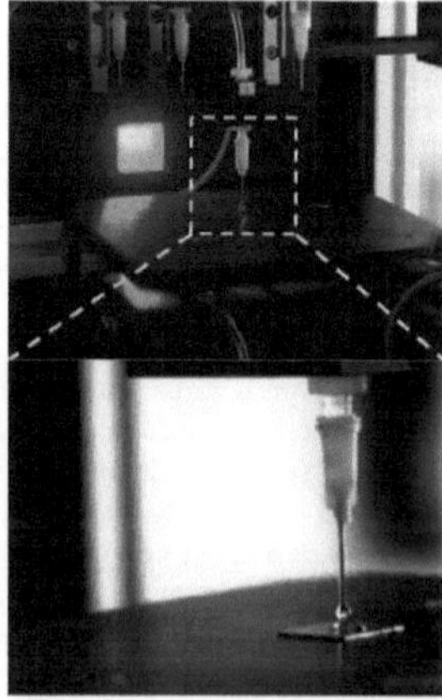

Figura 1.7: Imagem do aparelho de medição do ângulo de contacto FTA1000 Analyzer presente nos nossos laboratórios.

é recolhido "sentindo" a superfície com uma sonda mecânica. O AFM consiste num cantilever com uma ponta afiada na sua extremidade, que é utilizada para varrer a superfície da amostra. O cantilever é tipicamente de silício ou nitreto de silício com um raio de curvatura da ponta da ordem dos nanómetros. Quando a ponta é aproximada da superfície de uma amostra, as forças entre a ponta e a amostra levam a uma deflexão do cantilever de acordo com a lei de Hooke. Normalmente, a deflexão é medida utilizando um ponto de laser refletido da superfície superior do cantilever para uma matriz de fotodíodos (ver Fig. 1.8). Se a ponta fosse varrida a uma altura constante, haveria o risco de a ponta colidir com a superfície, causando danos. Assim, é utilizado um mecanismo de feedback para ajustar a distância entre a ponta e a amostra, de modo a manter uma força constante entre a ponta e a amostra. O AFM pode funcionar de vários modos, dependendo da aplicação: com contacto, sem contacto e com batimento. No modo de batimento, que é o modo de funcionamento utilizado neste trabalho, um cantilever com a ponta fixa é oscilado na sua frequência de ressonância e percorre a superfície da amostra, mantendo-se uma amplitude de oscilação constante (e, por conseguinte, uma interação constante entre a ponta e a amostra) durante o percurso, mas a amplitude das oscilações muda quando a ponta percorre saliências ou depressões numa superfície. No presente trabalho foi utilizado o AFM Nanosurf de varrimento fácil (Fig. 1.9), as imagens foram registadas em modo de batimento à temperatura ambiente (RT) no ar, utilizando cantilevers de silício. Para cada varrimento foram registados o perfil, a topografia 2D/3D e o contraste de fase, a fim de obter informações sobre a morfologia das amostras e as fases presentes na superfície. O tamanho do varrimento foi fixado em 70, 50, 30, 10 e 5 *pm* e a velocidade de varrimento foi de 0,5 s/linha.

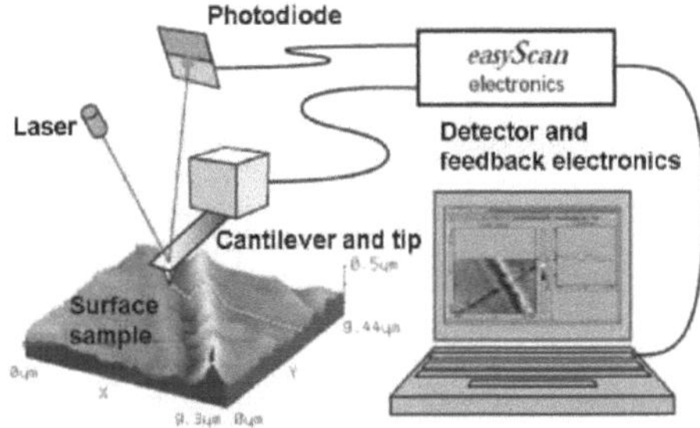

Figura 1.8: Diagrama de blocos do microscópio de força atómica [68].

Figura 1.9: Imagem do microscópio de força atómica (easy Scan AFM Nanosurf) utilizado para estes estudos.

O microscópio eletrónico de varrimento por emissão de campo (Fig. 1.10) é um tipo de microscópio eletrónico capaz de produzir imagens de alta resolução da superfície de uma amostra. Devido à forma como a imagem é criada, as imagens FESEM têm um aspeto tridimensional caraterístico e são úteis para avaliar a estrutura da superfície da amostra. Os electrões emitidos pelo cátodo são acelerados por um elétrodo perfurado, um sistema de lentes electromagnéticas foca o feixe, um sistema de bobinas de varrimento desvia o feixe

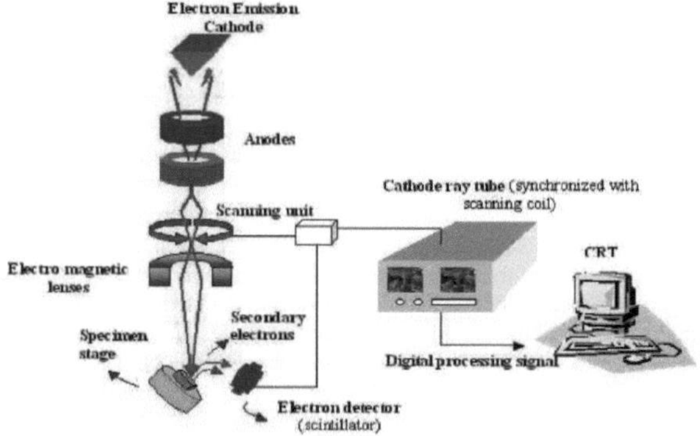

Figura 1.10: Diagrama de blocos do microscópio de varrimento por emissão de campo [69].
O feixe de electrões atinge a superfície da amostra, o feixe de electrões interage com a amostra, resultando em vários efeitos: electrões retrodispersos, secundários e Auger; raios X e fotões. Em seguida, um detetor capta o sinal. O espetrómetro EDX utiliza um detetor constituído por um díodo semicondutor. Os raios X que atingem o detetor são absorvidos por este, produzindo uma cascata de portadores. O número destas posições é proporcional à energia do fotão incidente. Uma eletrónica apropriada (processador de impulsos + analisador) para medir este impulso e armazenada num analisador multicanal pode contar o número de fotões detectados em janelas com uma energia fixa, permitindo obter um espetro. Devido à interação entre o feixe e a amostra a superfície a investigar deve ser condutora, para a análise de superfícies não condutoras basta torná-las condutoras depositando uma fina camada de ouro pela técnica de sputter coating (15 nm de espessura). O FESEM utilizado neste trabalho foi o Supra 25 Zeiss, as imagens foram obtidas a uma distância de trabalho (WD) entre 10 mm e 2 mm. Para distâncias de trabalho inferiores a 3 mm foi utilizado apenas o detetor InLens que detecta as diferenças entre os materiais, enquanto que para distâncias de trabalho superiores as imagens foram captadas utilizando o InLens e o detetor SE2 que detecta aspectos tridimensionais das superfícies. Todas as imagens utilizadas neste estudo são obtidas com electrões de energia inferior a 5 eV. Para evitar problemas devido ao vácuo necessário para operar o FESEM, as amostras biológicas requerem uma preparação especial para manter a estrutura tridimensional das células e bactérias. As células foram lavadas duas vezes com solução salina tamponada com fosfato (PBS) e fixadas em glutaraldeído a 2,5%, durante 30 minutos à temperatura ambiente. As amostras foram desidratadas por adição progressiva de etanol mais concentrado (de 5% a 100% v=v) de 5 em 5 minutos. A desidratação final em etanol puro foi seguida de uma secagem de ponto crítico (Emitech K850). A câmara é pré-arrefecida para permitir que seja facilmente enchida com $CO2$ líquido de uma garrafa de gás. A câmara é então aquecida até um pouco acima da temperatura crítica, sendo subsequentemente atingida a pressão crítica. O gás $CO2$ é expelido através de uma válvula de agulha, para evitar a distorção da amostra. O processo baseia-se no ponto crítico do dióxido de carbono, em que este pode derramar através de sólidos como um gás e dissolver materiais como um líquido. Depois de secas, as amostras foram revestidas com ouro por pulverização catódica.

Capítulo 2

AMORFO HIDROGENADO
PELÍCULAS DE CARBONO

2.1 Introdução

O carbono amorfo (a-C) é uma estrutura formada por duas hibridações de átomos de carbono (sp^2, sp^3). O carbono forma uma grande variedade de estruturas cristalinas e desordenadas porque é capaz de existir em três hibridações, sp^3, sp^2, sp^1 (Fig.2.1). Na *hibridação* sp^3, tal como no diamante, os quatro electrões de valência de um átomo de carbono são atribuídos a uma orbital sp^3 dirigida tetraedricamente, o que cria *uma* ligação forte a um átomo adjacente. Na configuração coordenada tripla sp^2, como na grafite, três dos quatro electrões de valência entram em orbitais sp^2 dirigidas trigonometricamente, que formam ligações num plano.

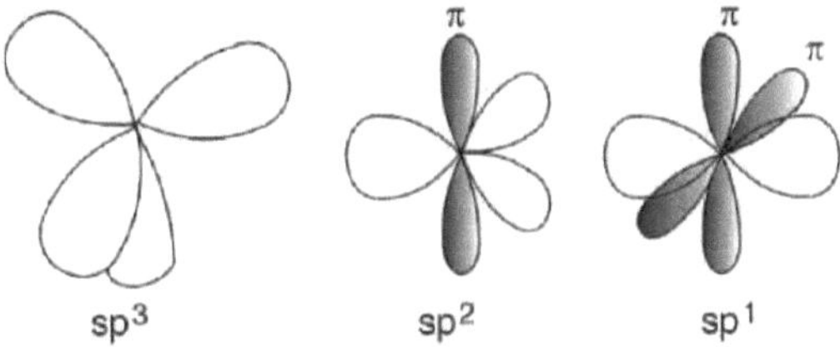

Figura 2.1: A ligação hibridizada sp^3, sp^2, sp^1 [10].

As propriedades físicas extremas do diamante derivam das suas ligações a fortes e direcionais. O diamante tem um grande intervalo de banda, o maior módulo aparente de qualquer sólido, a maior densidade de átomos, a maior condutividade térmica à temperatura ambiente, o menor coeficiente de expansão térmica e as maiores velocidades limite de electrões e buracos de qualquer semicondutor [1]. A grafite tem uma forte ligação A intra-camada e uma fraca ligação de van der Waals entre as suas camadas. Um único plano de grafite, o grafeno, é um semicondutor de intervalo de banda zero e, em três dimensões, é um metal anisotrópico [2, 3]. O sp^3 do carbono amorfo confere-lhe muitas das propriedades benéficas do próprio diamante, tais como a sua dureza mecânica, a inércia química e eletroquímica e o amplo intervalo de banda. O carbono amorfo é também constituído pelas ligas hidrogenadas. É conveniente apresentar as composições das várias formas de ligas C-H amorfas num diagrama de fases ternário (Fig.2.2), tal como utilizado pela primeira vez por Jacob e Moller [4].

O processamento de películas finas de carbono amorfo requer dois componentes:

i) uma fonte de carbono
ii) um mecanismo para gerar espécies energéticas de carbono.

Existem quatro processos para gerar espécies energéticas de carbono, que incluem:

-transferência de momento durante a colisão com espécies energéticas (por exemplo, pulverização catódica),

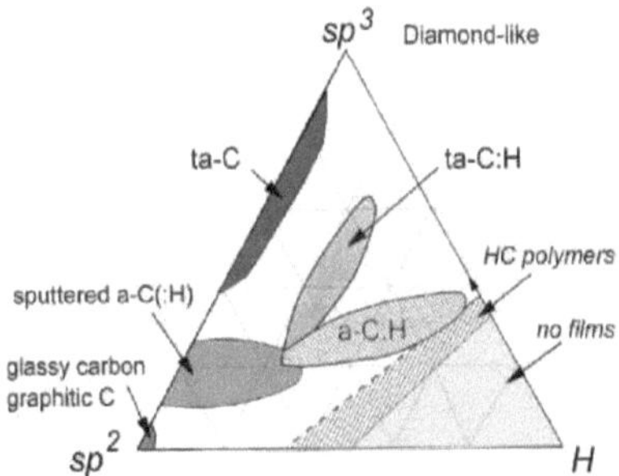

Figura 2.2: Diagrama de fases ternárias de ligação na liga amorfa de carbono e hidrogénio [10].

- bombardeamento com espécies energéticas,
- aceleração eletrostática dos iões de carbono, ou
- transferência de energia (por exemplo, descarga por arco ou ablação por laser).

Estas energias elevadas são necessárias para promover os electrões 2s para as orbitais 2p, de modo a formar ligações de carbono hibridizadas sp^3. A deposição por arco catódico, a deposição por feixe de iões, a pulverização catódica por feixe de iões, a deposição por laser pulsado, a deposição em fase vapor por processo químico com reforço de plasma e a pulverização catódica são processos comuns de deposição de películas finas de carbono amorfo [5]. Foram desenvolvidos métodos de deposição para produzir a-C com graus crescentes de ligação sp^3. A deposição de vapor químico com plasma (PECVD) [6] é capaz de atingir o interior do triângulo: isto produz carbono amorfo hidrogenado (a-C:H). Embora este seja do tipo diamante (DLC). A Fig. 2.2 mostra que o teor de ligações sp^3 não é assim tão grande e o seu teor de hidrogénio é bastante elevado. Existem muitos processos na deposição de a-C:H, como se mostra na Fig. 2.3. A forte dependência das propriedades do a-C:H depositado por plasma da tensão de polarização e, consequentemente, da energia dos iões indica que estes desempenham um papel fundamental na deposição de a-C:H. O a-C:H pode ser depositado a partir de diferentes gases de origem, como o metano (**CH4**), o acetileno (**C2H2**), o etileno (**C2H4**) e o benzeno (**C6H6**).

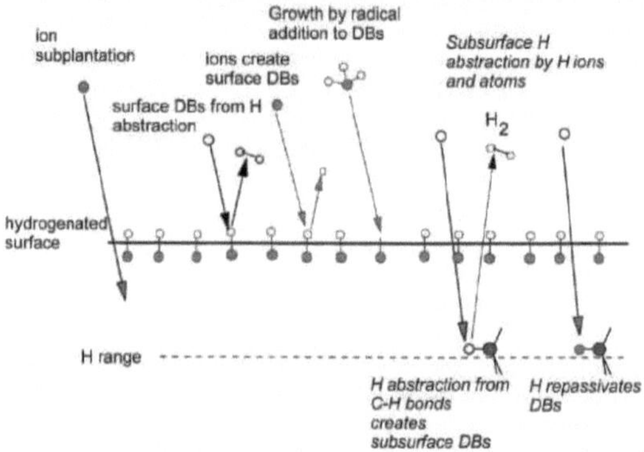

Figura 2.3: Processos componentes do mecanismo de crescimento de a-C:H por PECVD [10].

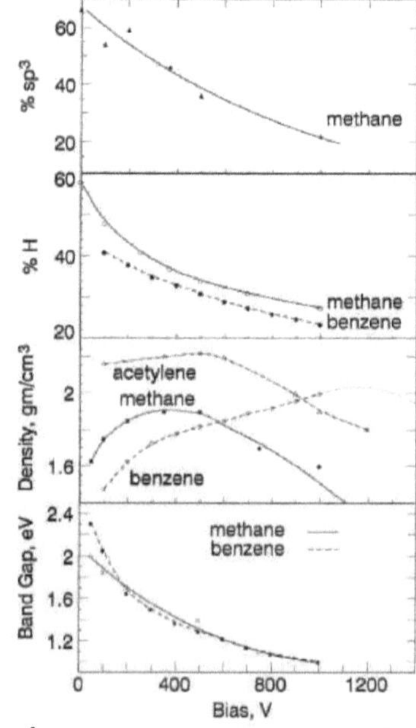

Figura 2.4: Variação da fração de sp^3, do teor de hidrogénio, da densidade e do intervalo ótico com a tensão de polarização de deposição para PECVD a-C:H depositado à temperatura ambiente [10].

A Fig.2.4 mostra a variação das principais propriedades, como a fração de sp^3 , o teor de hidrogénio, a densidade de massa e o intervalo ótico com a tensão de polarização para filmes de a-C:H depositados a partir de diferentes gases de origem: **CH4, C2H2**, *C2H4* e *C6H6* [6-9]. A fração de sp^3 , o teor de hidrogénio e o intervalo de banda diminuem com o aumento da tensão de polarização. O carbono amorfo é um revestimento de hidrocarboneto inerte com propriedades adequadas para utilização no domínio biomédico, particularmente em implantes ortopédicos. Isto deve-se às suas propriedades físico-químicas (por exemplo, quimicamente inerte, resistência ao desgaste e à corrosão, biocompatibilidade e hemocompatibilidade, elevada resistividade eléctrica, transparência no infravermelho, baixa rugosidade da superfície e elevado índice de refração) [11]. A hemocompatibilidade é uma das propriedades mais importantes que determinam a biocompatibilidade dos implantes artificiais. Os ensaios de hemocompatibilidade destinam-se a procurar possíveis efeitos indesejáveis (por exemplo, hemólise, formação de trombos, alterações na coagulação) no sangue, provocados por um dispositivo médico ou por substâncias químicas lixiviadas de um dispositivo. As películas finas à base de carbono, como o a-C:H, obtido por metano e acetileno como gases precursores, e o carbono tetraédrico amorfo não hidrogenado (ta-C) são considerados excelentes candidatos para utilização como revestimentos biocompatíveis em implantes biomédicos. Todos os revestimentos DLC em bolacha de silício (ta-C, a-C:H (**C2H2**) e a-C:H (**CH4**)) suprimiram significativamente a fixação de monócitos/macrófagos viáveis, em comparação com a superfície não revestida (Si), indicando possíveis respostas inflamatórias mais baixas. Entre os três tipos de superfícies de carbono tipo diamante (DLC) estudados, o a-C:H (**CH4**) com o teor de hidrogénio mais elevado, a fração de sp^3 mais baixa, a rugosidade da superfície e a energia da superfície mais baixas, apresentou a fixação de macrófagos mais baixa, seguida das amostras de a-C:H (**C2 H2**). Além disso, o exame SEM revelou que não ocorreram alterações morfológicas nos macrófagos, o que sugere que as superfícies modificadas com DLC não afectaram a viabilidade dos macrófagos *in-vitro* [12, 13]. A terminação da superfície (hidrogénio, oxigénio e flúor) da película de carbono amorfo afecta a adsorção de proteínas; o aumento da adesão da albumina em relação à do fibrinogénio é altamente desejável para uma funcionalização bem sucedida de revestimentos hemocompatíveis; a razão de adsorção albumina/fibrinogénio aumenta com a hidrofilicidade da superfície, sugerindo a possibilidade de preparação de tais revestimentos com boa hemocompatibilidade [14]. Em 1991, Thomson at al. [15] demonstraram a biocompatibilidade do revestimento, mostrando que a película de DLC não causava efeitos adversos nas células em cultura e que as células, em geral, cresciam mais rapidamente sobre o DLC, aderiam bem e produziam filopódios extensos. Vários grupos de investigação diferentes confirmaram a biocompatibilidade do DLC, cultivando diferentes tipos de células in vitro e estudando a resposta celular. Macrófagos, fibroblastos, células mieloblásticas humanas ML-1, células 293 de rim de embrião humano e outros tipos de células foram cultivados em DLC em diferentes condições e as respostas celulares, como a taxa de proliferação, viabilidade, adesão celular, diferenciação, morfologia celular e arquitetura citoesquelética, foram monitorizadas [16, 17]. Butter e Lettington relatam estudos preliminares *in-vivo* envolvendo a implantação de pinos revestidos com DLC em tecidos moles e fémures de ovelhas. Foi observada uma ligação muito melhor nas interfaces DLC do que metal-tecido, o que indica um menor risco de infeção. Descrevem também um trabalho efectuado por Mitura sobre o revestimento de parafusos ortopédicos com DLC através do método de plasma RF. Ao longo de 52 semanas, a implantação de metal revestido com DLC não mostrou qualquer evidência de produtos de corrosão ou de reação inflamatória crónica. Além disso, o crescimento neuronal ocorre facilmente em superfícies de DLC [18, 4]. Recentemente, as películas finas de carbono amorfo hidrogenado (a-C:H) foram consideradas para uma variedade de aplicações cardiovasculares, ortopédicas, oftálmicas, de biossensores e de sistemas microelectromecânicos implantáveis, o que pode permitir uma maior duração dos dispositivos e interações únicas com o ambiente biológico [5, 20, 21].

Pensa-se geralmente que a topografia da superfície desempenha um papel importante na orientação das células e na biocompatibilidade. Harrison observou pela primeira vez que as células cresciam numa teia de aranha seguindo as fibras [22]. A topografia da superfície, como os padrões micro e nanométricos, pode afetar a adesão, o movimento, a propagação e o crescimento das células na superfície [23]. Os estudos das interações entre o substrato e as células abrangeram muitos tipos de células e caraterísticas do substrato, incluindo sulcos, cristas, degraus, poros, poços, nós e fibras proteicas adsorvidas.

2.2 Deposição de filmes uniformes e padronizados de a-C:H

A deposição de vapor químico com plasma de radiofrequência (rf-PECVD) foi utilizada para produzir as películas de a-C:H. Foram utilizados diferentes parâmetros de deposição em termos de gás precursor, potência de radiofrequência e tempo de tratamento (Tab. 2.1). Para melhor caraterizar a película, foram utilizados três tipos de substratos: bolacha de silício para efetuar análises de infravermelhos, FESEM e EDX para transparência de IR e porque não é necessário

Tabela 2.1: Parâmetros de deposição por plasma. * depositado após um pré-tratamento de *CH4* a 15 W.

Caudal de gases precursores [sccm]		Potência RF [W]	Tempo [min]
CH4	**CF4**		
		15	
30	-	20	5,10,20
		30	
		15	
1	29	20	5,10,20
		30	
		15	
5*	25	20	5,10,20
		30	
		15	
10	20	20	5,10,20
		30	
		15	
15	15	20	5,10,20
		30	
		15	
20	10	20	5,10,20
		30	

revestimento por pulverização catódica; lamelas de vidro para testar a transparência ótica das películas de a-C:H e placas de Petri. Os substratos foram limpos com etanol e depois colocados na câmara. A câmara de aço inoxidável foi evacuada durante 1 h até a pressão atingir 10^{-3} Torr antes da deposição e, em seguida, o processo foi iniciado utilizando o gás precursor. O caudal de gás foi mantido a 30 *cm-padrão*^{3} */min* (sccm) com uma pressão de deposição de 10^{-3} Torr, a fonte de alimentação do plasma foi fixada em 15, 20 e 30 W e a tensão de polarização variou de 150 a 300 V.

Figura 2.5: Imagens ópticas de máscaras de grelhas TEM.

Para criar o padrão foram utilizadas diferentes máscaras denominadas 200 P, 300 P e 400 P (com microestrutura nominal de 200, 300 e 400 ranhuras/polegada), 400 M e 600 M (com microestrutura nominal de 400 e 600 quadrados/polegada), normalmente utilizadas para análise TEM (Fig. 2.5) [24].

2.3 Caracterização de filmes uniformes de a-C:H

2.3.1 Caracterização físico-química das películas

A espessura e o índice de refração da película uniforme foram medidos por elipsometria espectroscópica (M-2000, J.A. Woollam Co., EUA). A espessura e a constante ótica foram medidas num espetro de comprimentos de onda que varia entre 245 e 1000 nm. As medições foram efectuadas em dois ângulos de incidência: 50° e 60°. Os modelos utilizados para a determinação das constantes ópticas foram Tauc-Lorentz e Lorentz, considerando que a absorção ótica das películas depositadas era detetável em quase toda a gama de medições. Para uma deposição de a-C:H obtida por 30 sccm de metano durante 5 min a 15 W numa lamela de vidro, mediu-se uma espessura de 24 nm e as constantes ópticas são apresentadas na Fig. 2.6, que são consistentes com as medidas relatadas por Koidl et al. [6] e Ristain et al. [25].

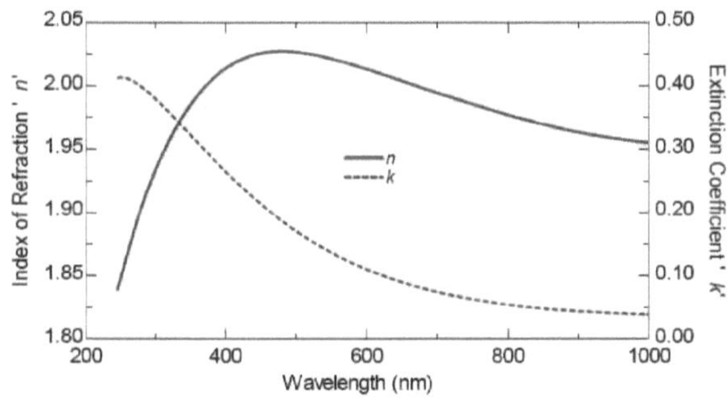

Figura 2.6: Constante ótica de a-C:H obtida por elipsometria espectroscópica.

Além disso, a absorvância ótica (Fig. 2.7) garante a transparência de ambas as películas depositadas durante 5 min a 15 W, a fluorada (a-C:HF) foi obtida com uma mistura de metano (**CH4**) (10 sccm) e tetrafluoreto de carbono (**CF4**) (20 sccm).

A presença de flúor foi confirmada por espectros de infravermelhos e por análise EDX (cerca de 6% em peso) (Fig.2.8). O espetro de IV mostra o pico caraterístico da ligação carbono-flúor a cerca de 1220 cm^{-1} , estes dados referem-se a películas depositadas com um pré-tratamento de 5 min e uma deposição com uma mistura de 5 sccm de *CH4* e 25 sccm de **CF4**.

O ângulo de contacto com a água (Fig. 2.9) mostra que não há diferenças entre o a-C:H (78,9°) e o a-C:HF (80,0°) obtido por uma deposição de 5 minutos a 15 W com uma mistura de 10 sccm de *CH4* e 20 sccm de **CF4**, neste caso a análise EDX revelou uma pequena percentagem de flúor (0,6% wt) de acordo com Popov et al. [14]. Pelo método de Owens-Wendt [12], de acordo com os valores do ângulo de contacto (78,9° para *H2Od* e 19,1° para **CH2I2**), a energia livre de superfície de a-C:H foi calculada como 51,15 mN/m e os seus componentes dispersivos e polares 48,16 mN/m e 2,99 mN/m, respetivamente. Para verificar a reprodutibilidade da deposição, foi efetuada uma análise EDX em três amostras diferentes, obtidas com três deposições com os mesmos parâmetros: uma deposição de 1 min a 15 W de 30 sccm de *CH4* e uma deposição de a-C:HF feita durante 5 min a 15 W de 5 sccm de *CH4* e 25 sccm de *CF4* numa bolacha de silício. Os dados apresentados na Tab. 2.2 mostram que a película é reprodutível: o mesmo tratamento em tempos diferentes produz os mesmos resultados.

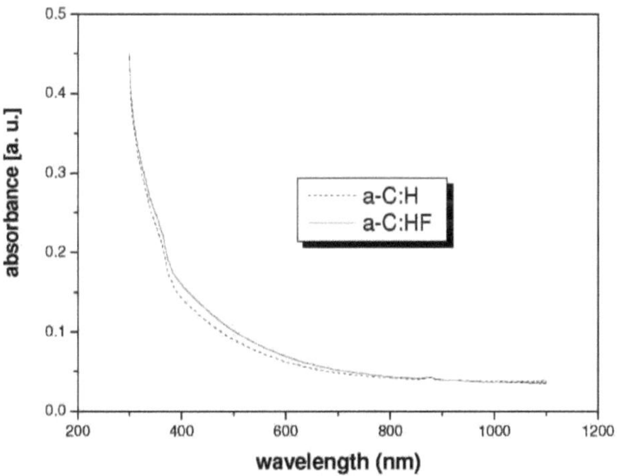

Figura 2.7: Absorção ótica de a-C:H e a-C:HF.

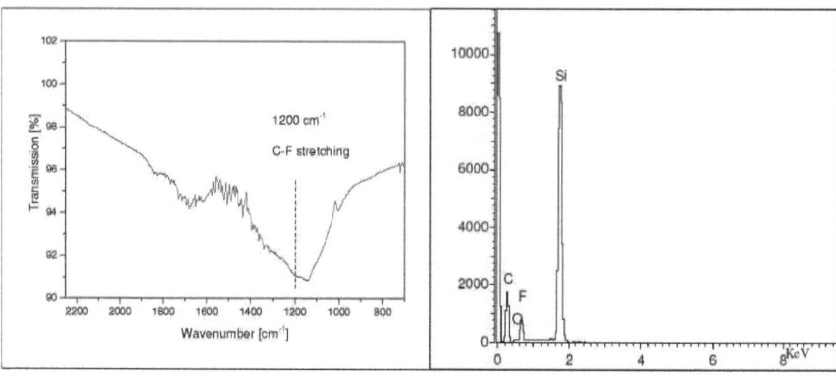

Figura 2.8: Espectros de IV e EDX da película de carbono amorfo fluorado.

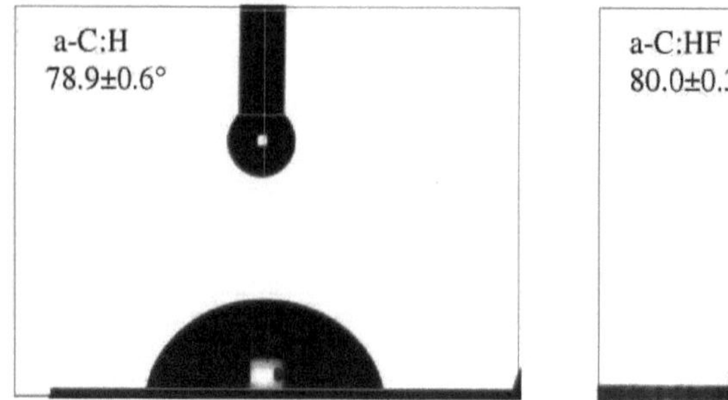

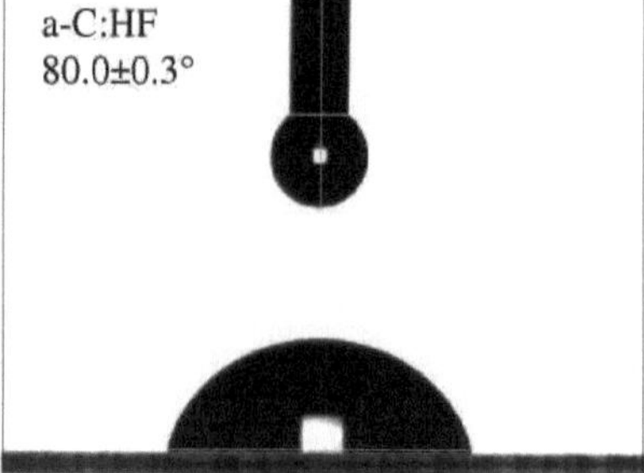

Figura 2 9 Ângulo de contacto com a água de películas de carbono amorfo sobre lamelas de vidro.

Tabela 2.2: Resultados de EDX de três amostras tratadas com os mesmos parâmetros.

Amostra	%C	%O	%F	% Si
A	46.1±2.3	1.8±0.3	8.6±0.7	43.5±1.8
B	47.9±1.9	1.7±0.5	9.7±0.5	40.7±1.3
C	47.5±1.8	1.9±0.5	8.8±0.7	41.8 ±1.6

2.9.2 Papel dos parâmetros de deposição

Para estudar o efeito dos parâmetros de deposição nas medições de absorção ótica do a-C:H (Fig. 2.10), foram comparados os espectros obtidos através da modulação da fonte de alimentação e do tempo de tratamento e a espessura da película foi medida utilizando a lei de Lambert-Beer (A = at). Com base no valor da espessura obtido após 5 minutos de deposição a 15 W com elipsometria, foi calculada a espessura da película, obtida com diferentes parâmetros de deposição, num comprimento de onda fixo de 550 nm. A espessura de a-C:H variou de 24 a 45 quando o tempo de tratamento aumentou de 5 para 20 min a 15 W, enquanto a espessura de a-C:H variou de 24 a 54 nm quando a rf aumentou de 15 para 30 W para um tratamento de 5 min.

A análise EDX foi utilizada para verificar e otimizar a fluoração das películas, na Tab. 2.3 são apresentados os dados obtidos para vários parâmetros, estes dados mostram que sem pré-tratamento a película não contém flúor de forma significativa e que a melhor condição é um pré-tratamento de uma deposição de a-C:H durante 1 min a 15 W e depois um tratamento de uma mistura de gases: *CH4* (5 scmm) *CF4* (25 sccm).

Tabela 2.3: Análise EDX de a-C:HF. * 1 min, " 5 min de pré-tratamento com 30 sccm de CH4.

Caudal de gás (sccm)	%C	%O	%F	% Si

CF4 (30)	3.3	0.9	-	95.8
CH4/CF4 (1/29)	4.2	-	-	95.8
CH4 /CF4 (5/25)	22.6	1.0	0.9	75.5
CH4/CF4 (10/20)	26.3	0.7	0.6	72.4
CH4/CF4 (15/15)	27.1	0.7	0.2	72.0
CH4/CF4 (20/10)	25.1	0.6	0.3	74.0
* *CH4/CF4* (5/25)	47.5	1.8	8.8	41.9
"*CH4/CF4* (5/25)	45.5	1.1	6.0	47.3

2.9.3   Papel do substrato

A análise EDX foi também utilizada para testar o papel do substrato, comparando os dados obtidos em películas depositadas em bolacha de silício e em placas de Petri. Em todas as amostras foi efectuado um pré-tratamento de 5 min a 15 W com 30 sccm de metano. Os dados mostram que os dois substratos reagem de forma semelhante ao tratamento por plasma (Tab. 2.4). Isto é confirmado pelos valores do ângulo de contacto da água obtidos em duas películas, feitas com

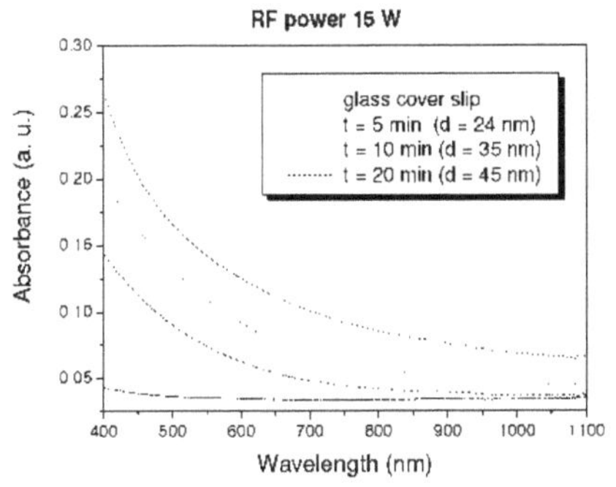

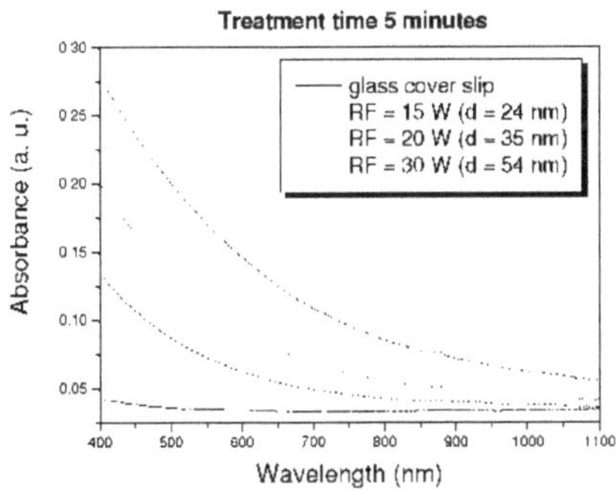

Figura 2 10 Absorção ótica de a-C:H.

a mesma deposição em dois substratos diferentes: lamela de vidro e bolacha de silício. As medições mostram um ângulo de contacto de 80,0° e 80,6° na lamela de vidro e na pastilha de silício, respetivamente.

Tabela 2.4: Análise EDX de filmes em dois substratos diferentes.

Substrato	Placa de Petri			Silício			
Caudal (sccm)	%C	%O	% F	%C	%O	%F	% Si
CH4/CF4 (20/10)	93.6	2.7	1.0	48.5	0.9	0.6	52.7
CH4/CF4 (10/20)	94.4	3.0	2.6	46.7	0.8	3.2	49.3

CH4/CF4 (5/25)	87.0	6.9	6.1	45.5	1.1	6.0	47.3

2.4 Caracterização de filmes com padrão a-C:H

O FESEM foi utilizado para estudar a topografia da superfície das películas depositadas em configurações de ranhura e grelha (Fig. 2.11). Foi reproduzida uma distribuição uniforme e uma estrutura ordenada com uma disposição de ranhuras e quadrados nos substratos, como mostra a estrutura da superfície que reflecte o padrão das máscaras. A região paralela escura e os quadrados representavam ranhuras e quadrados a-C:H, respetivamente, modelados na pastilha de silício. A morfologia dos diferentes domínios parecia regular no espaço, e as áreas de fronteira pareciam nítidas. As ranhuras e as grelhas eram uniformes, lisas e limpas, como demonstrado pelo exame FESEM, que também confirmou a escala e a reprodutibilidade do padrão. As três dimensões das ranhuras de a-C:H (largura/espaçamento), determinadas pela análise de micrografias, foram 80/40 pm (200 P), 40/30 pm (300 P) e 30/20 pm (400 P), respetivamente, a percentagem de área coberta por películas de a-C:H diminui na ordem 200 P>400 P>300 P, correspondendo a 67%, 60%, 57%, com a porção de vidro a mudar em conformidade (33%,

Figura 2.11: Imagens representativas FESEM do padrão a-C:H numa bolacha de silício com configuração de ranhura e grelha.

40% e 43%, respetivamente). e 40/20 pm e 20/10 pm (comprimento quadrado/espaçamento quadrado) no caso das grelhas 400 M e 600 M.

A Fig. 2.12 mostra imagens AFM representativas da película de carbono amorfo montada em substrato de vidro, em particular a topografia em duas e três dimensões e o perfil da secção foram analisados. As propriedades da superfície revelaram uma rugosidade uniforme das películas em todas as amostras, sendo a rugosidade da superfície de todas as películas de carbono amorfo inferior a 3 nm. As imagens AFM também mostram a transição entre o carbono amorfo e a parte vítrea nas películas nanopadronizadas de 300 P. As propriedades da superfície revelaram uma transição acentuada que é representativa de todas as configurações de máscara. Em todas as configurações de películas com padrão, o ângulo de contacto com a água foi de 69°, o ângulo de contacto com o diiodometano foi de 19° e a energia livre de superfície foi calculada em 53,79 mN/m (48,07 mN/m de componente dispersiva e 5,72 mN/m de componente polar).

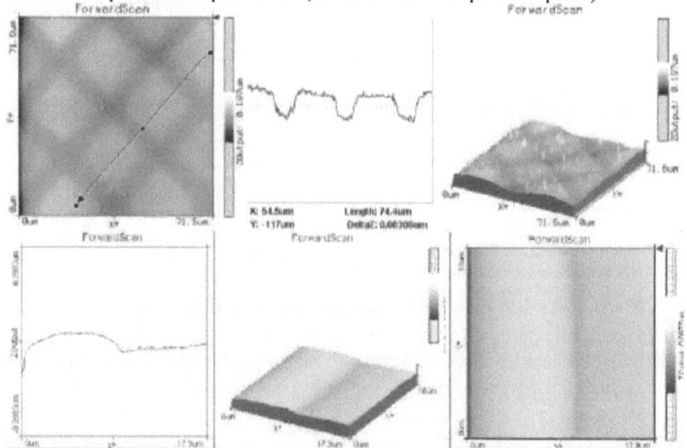

Figura 2.12: Imagens AFM de uma película com padrão a-C:H representativa.

2.5 Estabilidade das películas

A fim de estudar a estabilidade da película em condições fisiológicas, as películas depositadas foram mantidas em água destilada a 37°C. O descolamento da película do substrato foi monitorizado por análise FESEM e AFM. As películas foram mais estáveis se depositadas em placas de Petri em quaisquer parâmetros de tratamento, as películas de a-C:H neste substrato nunca se desprenderam mesmo após um mês de manutenção em água desionizada.

Pelo contrário, as películas depositadas em lamelas de vidro e em bolachas de silício eram menos estáveis, desprendendo-se sempre antes, quando imersas em água desionizada, ou aumentando o tempo ou a potência. As análises AFM e FESEM revelam que as películas depositadas durante muito tempo e/ou a alta potência não eram planas e não aderiam ao substrato, tanto em configurações uniformes como em padrões (Fig. 2.13).

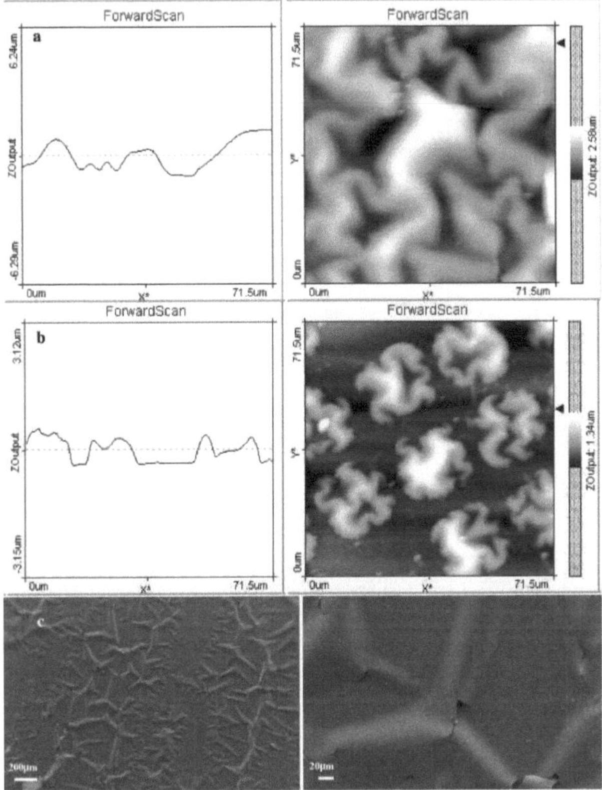

Figura 2.13: Imagens AFM de películas uniformes (a) e padronizadas (b) de a-C:H depositadas a 15 W durante 20 min numa lamela de vidro e imagens FESEM (c) de películas de a-C:H depositadas a 30 W durante 20 min numa bolacha de silício.

2.6 Estudo da interação de células estaminais com filmes

O estudo da interação das células estaminais com as películas foi realizado em colaboração com o departamento de medicina experimental e ciências bioquímicas, secção de bioquímica e biologia molecular, da Universidade de Perugia. Foram estudadas a adsorção proteica, a adesão e a proliferação de células estaminais e a diferenciação óssea e neural de células estaminais mesenquimais derivadas da medula óssea humana (hBM-MSCs). As hBM-MSCs foram isoladas a partir de washouts das cavidades medulares dos fémures de doentes submetidos a substituição total primária da anca e cultivadas conforme descrito anteriormente [27, 28]. Foi obtido o consentimento informado de todos os dadores e o comité de ética institucional aprovou os procedimentos.

2.6.1 Adsorção de proteínas

A experiência de adsorção de proteínas foi efectuada colocando o mesmo teor de proteínas (300 pg) em a-C:H uniforme, películas com nanopadrões, lamelas de vidro e poliestireno de cultura de tecidos (TCP). As amostras foram obtidas a partir de albumina de soro bovino (BSA), plasma humano de um dador saudável (sob consentimento informado) ou meio de cultura com 10% de soro fetal bovino (FBS). As incubações foram efectuadas durante 30 min (de acordo com Vasilchina et al. [29] e Yang et al. [30]) e 24 horas (de acordo com a nossa condição experimental) a 37°C. Após três lavagens em *H2Od*, o teor de proteínas totais foi medido pelo método de Bradford [31] utilizando albumina de soro bovino como padrão. A absorvância foi medida utilizando um leitor de placas de microtitulação (ELISA reader, GDV) a 2 595 nm. Foram efectuadas cinco experiências independentes, cada amostra em triplicado. Foi investigada a interação entre hBM-MSCs e filmes nanopadronizados de a-C:H, avaliando o efeito da química e topografia da superfície nanopadronizada de a-C:H (200 P, 300 P e 400 P) na adsorção de proteínas. Como referência, medimos a adsorção de proteínas em a-C:H uniforme, lamela de vidro e TCP (Fig. 2.14). Foram selecionados como fonte de proteínas o plasma humano de dadores saudáveis [29, 14], o FBS a 10% (de acordo com o nosso plano experimental) e a BSA purificada. Os resultados mostram que a adsorção de proteínas foi maior no plasma do que no FBS a 10% e muito maior em comparação com a BSA. No entanto, a quantidade de proteína adsorvida estava na ordem: a-C:H uniforme > a-C:H nanopadrão > lamela de vidro, TCP (Fig.2.14). Após 24 horas de incubação, apesar de a tendência se ter mantido, medimos um pequeno aumento da adsorção de proteínas de 10% de FBS, plasma e BSA no a-C:H uniforme e no a-C:H nanopadronizado (200 P, 300 P, 400 P), bem como um aumento mais significativo na lamela de vidro e no TCP (Fig. 2.14). Comparamos estes resultados com os obtidos através da medição da adesão celular após a adsorção de proteína FBS a 10% em cada uma das superfícies.

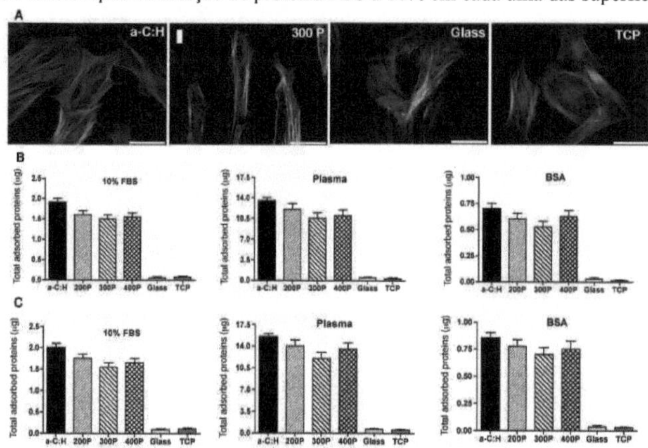

Figura 2.14: Imagens representativas de hBM-MSCs semeadas em película fina de a-C:H, lamelas de vidro com padrão a-C:H 300P, lamelas de vidro e poliestireno para cultura de tecidos (TCP) (A) e proteínas totais adsorvidas (^g) de 10% de FBS, plasma humano e BSA em substratos uniformes de a-C:H, substratos com padrão a-C:H (200 P, 300 P e 400 P), vidro e TCP após 15 min (B) e 24 horas (C) a 37°C.

2.6.2 Adesão e proliferação de hBM-MSCs

As hBM-MSCs foram semeadas em lamelas revestidas com a-C:H (película, ranhuras e grelhas uniformes de a-C:H) em meio de controlo. As películas e as lamelas de a-C:H foram esterilizadas por imersão em etanol puro, seguida de três lavagens em solução salina tamponada com fosfato (PBS) e depois depositadas numa placa de 24 poços. Foram colocados 50 ml de suspensão de hBM- MSC (500 células) em meio de cultura em cada substrato e incubados a 37°C durante 30 minutos. As experiências foram monitorizadas após 3, 7 e 21 dias de cultura. Como controlo, foram realizadas experiências semelhantes semeando hBM-MSCs em lamelas de vidro e TCP. É sabido que o número de pontos de adesão focal da vinculina (VFAS) é um indicador do número de contactos da membrana celular com o substrato e, consequentemente, da interação molecular com as diferentes superfícies [32, 33, 3]. A adesão foi quantificada através da avaliação dos pontos de adesão focal da vinculina (VFASs) por célula. Em primeiro lugar, a área da superfície celular foi medida utilizando o software CellF (Soft Imaging System, Olympus), analisando 80 células em cinco amostras independentes de cada substrato uniforme, nanopadronizado (200 P, 300 P, 400 P, 400 M, 600 M) revestido com a-C:H, lamela e controlo. Em seguida, foi contado o número de VFASs por célula. Como

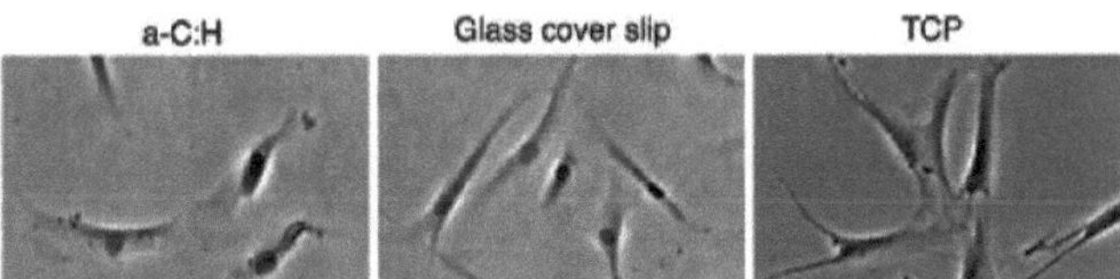

Figura 2.15: Imagens representativas de hBM-MSCs semeadas em película fina de a-C:H, lamelas de vidro e poliestireno de cultura de tecidos (TCP).

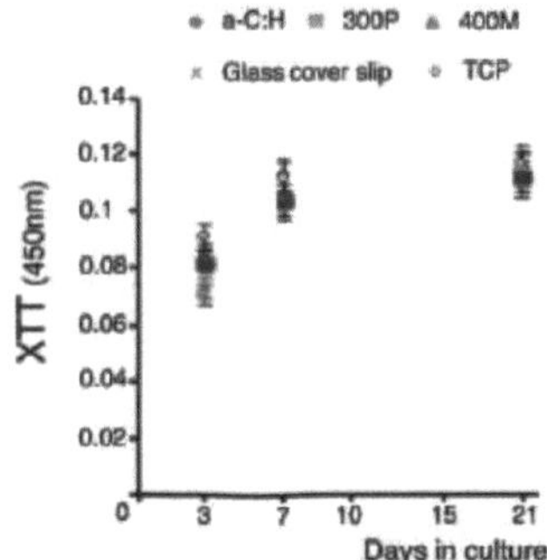

Figura 2.16: Ensaio de viabilidade XTT de hBM-MSCs colocadas em diferentes substratos.

Para a análise da área celular, foi determinada a razão entre o VFAS por célula e a área celular relativa. Para avaliar a proliferação celular, procedeu-se à incorporação de 5-bromo-2'-deoxiuridina (BrdU) em pontos temporais específicos (3, 7, 21 dias) em células estaminais cultivadas em lamelas de vidro, TCP, a-C:H e substratos nanopadronizados. Para estabelecer a viabilidade celular, as hBM-MSCs foram colocadas em diferentes substratos a uma concentração inicial de 2-103 células/ml de meio de controlo. Em diferentes momentos (3, 7 e 21 dias), a viabilidade celular foi medida através do ensaio da atividade da desidrogenase mitocondrial, incubando as culturas com solução de sal XTT durante 4 h a 37°C, de acordo com as recomendações do fabricante. A absorvância das amostras foi medida utilizando um leitor de placas de microtitulação a 450 nm com um comprimento de onda de referência a 650 nm. Não foi detectado qualquer sinal de toxicidade com o aparecimento de resíduos celulares no meio de cultura, mesmo após 21 dias de hBM-MSCs cultivadas em película a-C:H, lamelas de vidro e TCP (imagens representativas na Fig. 2.15).

As hBM-MSCs colocadas numa película de a-C:H apresentaram 30% de células BrdU$^+$ após 3, 7 e 21 dias. Estes dados são comparáveis aos obtidos com células cultivadas em substratos de controlo (29% de células BrdU$^+$ em lamelas de vidro e 32% em TCP), sugerindo que a película de a-C:H não inibe nem acelera a taxa de crescimento celular.

Além disso, o ensaio XTT, realizado para avaliar corretamente a viabilidade celular no revestimento, mostrou uma atividade de desidrogenase mitocondrial comparável à das células cultivadas em TCP, lamelas de vidro, a-C:H uniforme e padronizado (Fig. 2.16). Estes resultados também indicam que a película de a-C:H, depositada com os parâmetros anteriormente mencionados, representa um substrato biocompatível para a cultura de hBM-MSC. Para determinar se as hBM-MSC aderem melhor a estruturas com nanopadrões do que a superfícies planas, foi avaliado o número de VFASs por célula e por área de célula num substrato específico. Observou-se que o número de VFASs por célula era mais elevado para as hBM-MSCs cultivadas em superfícies planas do que para as células cultivadas em substratos com nanopadrões. Foi avaliada a relação entre os VFASs por célula e a respectiva área celular. Verificou-se que os valores para a superfície plana de a-C:H e para o vidro eram estatisticamente significativamente inferiores aos das ranhuras de 300 P e 400 P, mas semelhantes aos das ranhuras de 200 P e das grelhas de 400 M e 600 M (Tab. 2.5).

O número de VFASs por célula cultivada numa configuração nanopadronizada indicou que as células aderiram preferencialmente à porção a-C:H em vez de à porção adjacente da superfície de vidro (Tab. 2.5 e fig. 2.17) As hBM-MSCs cultivadas em amostras nanopadronizadas parecem adquirir a estrutura geométrica dos substratos (Fig. 2.18).

Tabela 2.5: Alinhamento e adesão de células estaminais mesenquimais derivadas da medula óssea humana a carbono amorfo hidrogenado uniforme e nanopadronizado (a-C:H).

Substrato	Alinhamento das células (%)	VFAS por	VFAS por célula na porção a-C:H	VFAS por célula na parte de vidro
a-C:H uniforme	25.1±0.3	7.8±0.3	-	-
200 ranhuras P	59.3±0.2	9.0±0.2	68±±1	17.3±0.5
300 ranhuras P	69.0±0.8	12.1±0.3	63±6	15.2±2.2
400 ranhuras P	63.4±0.1	11.8±0.4	66±3	17.7±0.6
400 M de malha	ND	10.5±0.2	51±5	9.7±1.2
600 M de malha	ND	9.8±0.2	61±5	13.5±1.5

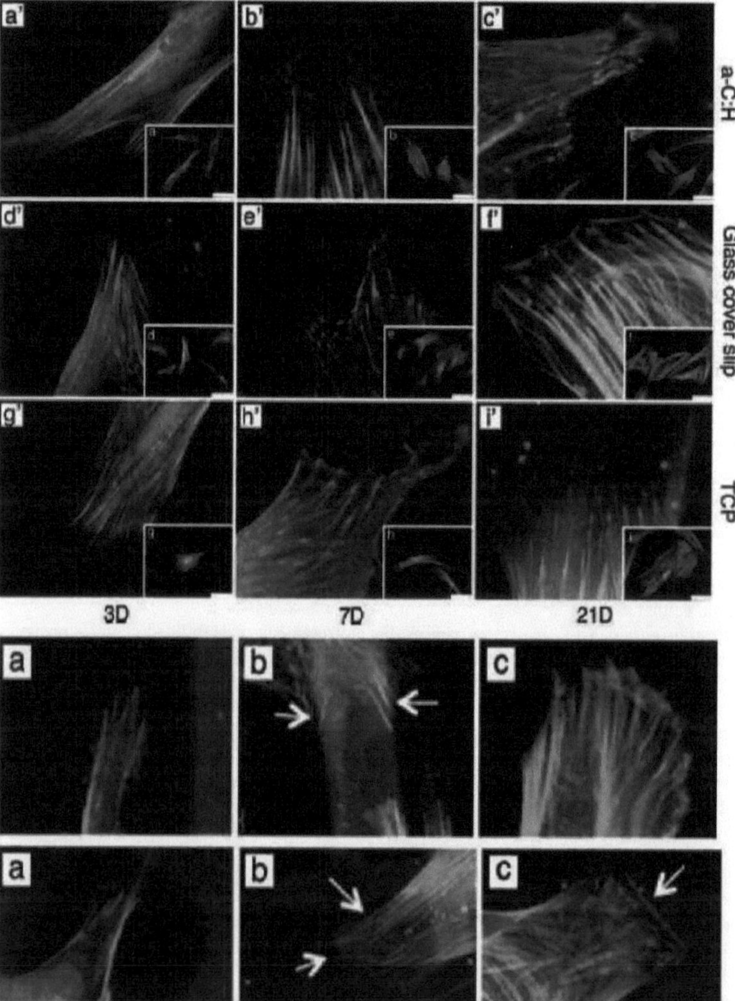

Figura 2.17: a-i: a organização dos microtúbulos é mostrada pela coloração de a-tubulina (TRIC)=F-actina (isotiocianato de fluoresceína (FITC))/4',6- diamidino-2-fenilindol (DAPI). a'-i': as placas de adesão focal são

mostradas pela imunofluorescência de vinculina (TRIC)=F-actina (FITC)=DAPI. As imagens foram captadas com objectivas de óleo de imersão de 20x e 60x; barra de escala: 100 ^m.

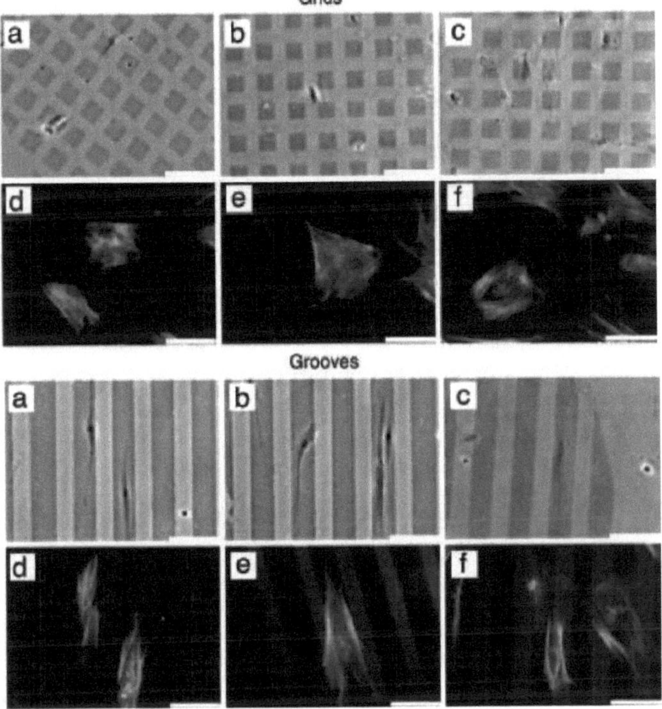

Figura 2.18: hBM-MSCs semeadas em nanopadrões de ranhura e grelha a-C:H. Imagens representativas de hBMMSCs semeadas em nanopadrões de grelha e ranhura a-C:H (objetiva de imersão em óleo de 20x e 60x; barra de escala: 100 ^m), cultivadas durante 3, 7 e 21 dias.

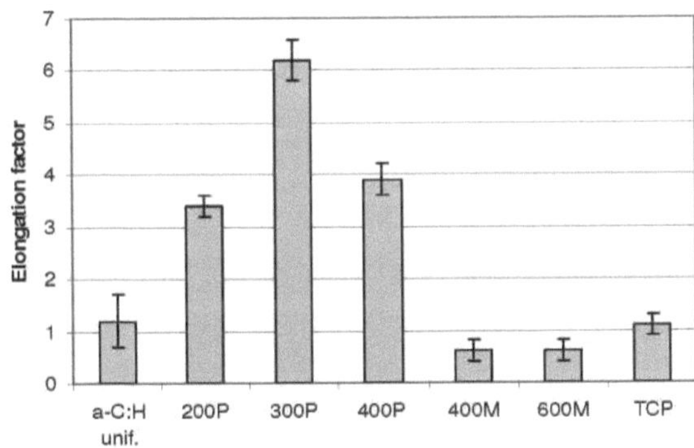

Figura 2.19: Fator de alongamento (E) de hBM-MSCs cultivadas em a-C:H, nanogrooves a-C:H (200 P, 300 P e 400 P) e nanogrelhas (400 M e 600 M) e substratos de controlo (lamela de vidro e TCP).

Observou-se que as hBM-MSCs cultivadas em substratos com padrão de ranhuras estendiam as protusões celulares exclusivamente ao longo da direção das ranhuras a-C:H (Fig. 2.18 ranhuras, a-f), ao passo que mostravam protusões de lamelas com orientações aleatórias em películas a-C:H uniformes (Fig. 2.17, a-c), sugerindo um efeito específico da nanoconfiguração. As células apresentavam fibras de F-actina fortemente alinhadas ao longo da direção das ranhuras, e essas fibras de tensão apresentavam contactos focais nas extremidades (Fig. 2.17). O alinhamento das células foi medido através da contagem da imunomarcação com a-tubulina (Fig. 2.18, Tab. 2.5). Estas observações foram validadas através da medição do fator de alongamento (E) que descreve a extensão da elipse equimomental [35]. O fator E é a relação entre o eixo maior e o eixo menor menos 1. Assim, E=0 para um círculo e E=1 para uma elipse com uma relação de eixos de 1:2. Este valor foi significativamente mais elevado do que o fator E das hBM-MSCs cultivadas em nanopadrões de grelha de a-C:H e em substratos de controlo (Fig. 2.19). Não se verificou qualquer alinhamento das células em grelhas com dimensões diferentes e verificou-se o mesmo fator E, sendo o fator E mais baixo detectado, ainda mais baixo do que o das hBM-MSCs cultivadas em a-C:H uniforme ou em substratos de controlo (lamelas de vidro e TCP) (Fig. 2.19). Estes resultados indicam que as ranhuras e as grelhas influenciam a geometria das células e que os nanopadrões de ranhuras orientam o alinhamento das hBM-MSCs.

2.6.3 Diferenciação óssea

O potencial de diferenciação das hBM-MSCs em películas de a-C:H foi avaliado através da cultura das células em condições que induzem a linhagem osteogénica ou adipogénica [36]. As hBM-MSCs foram colocadas em placas de cobertura de vidro, TCP, placas de cobertura de vidro revestidas com a-C:H e substratos nanopadronizados (300 P e 400 M) a uma densidade de 2000 células/cm^2 . Durante as primeiras 24 horas, as células foram cultivadas em meio de controlo. A diferenciação osteogénica foi obtida utilizando o meio basal de diferenciação osteogénico das hMSC. As culturas indiferenciadas foram mantidas em meio de controlo. Todos os substratos celulares foram mantidos durante 21 dias numa incubadora humidificada a 37°C e 5% **de CO2**, com mudanças de meio a cada 3 dias. As hBM-MSCs colocadas numa película uniforme de a-C:H e cultivadas num meio indutor osteogénico diferenciaram-se em osteócitos, como demonstrado pela acumulação de cálcio, coloração de Van Kossa e presença de agregados ou nódulos clássicos (Fig. 2.20). Após 3 semanas em condições de cultura específicas da linhagem, 95% das células diferenciaram-se para esta linhagem adipogénica, tal como indicado pela acumulação visível de vacúolos ricos em lípidos no interior das células e por vacúolos de lípidos que continuaram a desenvolver-se ao longo do tempo, coalesceram e acabaram por preencher a célula (Fig. 2.20). Não foram encontradas diferenças entre a taxa de diferenciação das hBM-MSC para osteócitos ou adipócitos na película de a-C:H e no TCP (Fig. 2.20).

2.6.4 Diferenciação neural

Foi investigada a forma como o desenho da topografia da superfície pode estimular a diferenciação das células estaminais para uma linhagem neural. topografias de ranhuras a-C:H com largura/espaçamento entre 80/40pm
,

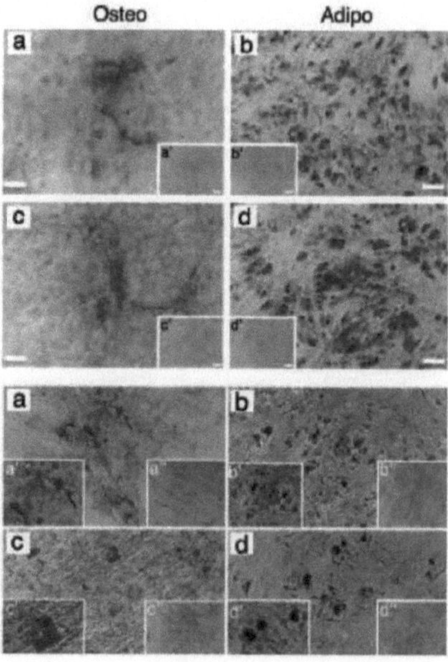

Figura 2.20 hBM-MSCs semeadas em superfície com nanopadrões diferenciaram-se em linhagens

osteogénicas (coloração de Van Kossa) e adipogénicas (coloração de Oil Red O's).

Tabela 2.6: TUJ1$^+$, fator E e comprimento do tipo neurite das hBM-MSCs cultivadas em diferentes substratos na presença e na ausência de BDNF durante 12 dias.

	Células TUJ1+ %		Efactor		comprimento do tipo neurite (gm)	
	BDNF+	BDNF⁻	BDNF+	BDNF⁻	BDNF+	BDNF⁻
TCP/vidro	4.9±1.2	nd	6.0±0.3	1.2±0.2	110±15	nd
uniforme a-C:H	5.8±1.2	nd	5.5±0.3	1.1±0.2	110±13	nd
200P	6.2±0.8	2±0.5	8.8±0.4	6.0±0.4	130±20	95±20
300P	4.5±0.9	0.2±0.1	5.7±0.4	3.4±0.4	95±0.4	nd
400P	4.7±0.7	0.3±0.2	5.5±0.3	3.6±0.4	93±0.3	nd

40/30pm e 30/20pm e profundidade de 24 nm foi utilizado como estímulo mecanotransdutor único para gerar células neurais a partir de células estaminais mesenquimais da medula óssea humana (hBM-MSCs) *in-vitro*. Em experiências comparativas, foi utilizado o fator neurotrófico derivado do cérebro (BDNF) solúvel como agente indutor bioquímico adicional. Para investigar se as películas de a-C:H padronizadas induzem a diferenciação neuronal das células estaminais como um estímulo único, as hBM-MSCs foram cultivadas em nanogrooves de a-C:H com diferentes dimensões (200 P, 300 P, 400 P). Como controlo, estas experiências foram reproduzidas na presença de BDNF solúvel utilizado como estímulo bioquímico. As experiências comparativas foram efectuadas em lamelas uniformes de a-C:H, TCP e vidro. O processo de diferenciação neuronal foi monitorizado através da contagem do número de células positivas para o marcador neuronal TUJ1$^+$ que é expresso como células neurais diferenciadas terminais [37, 38]. Os níveis de óxido nítrico libertado também foram medidos como um parâmetro de diferenciação neuronal [39, 40]. Além disso, o fator de alongamento (E) e o comprimento da saliência celular mais longa (tipo neurite) foram medidos para avaliar as diferenças na morfologia que ocorrem na arquitetura do citoesqueleto celular [41, 35], as saliências das células TUJ1-positivas com forma bipolar assimétrica foram consideradas "tipo neurite" se fossem superiores a 80 pm (Tab. 2.6). Por fim, medimos a atividade da desidrogenase para avaliar a viabilidade celular.

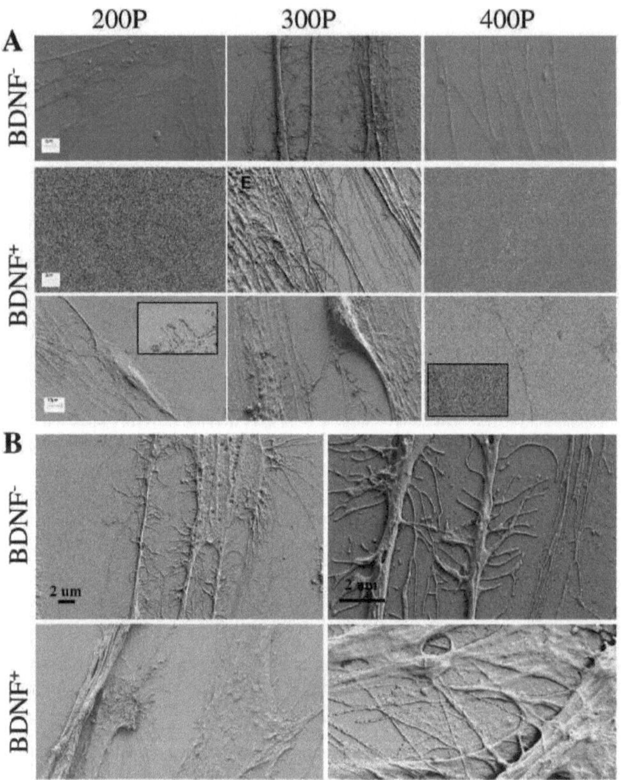

Figura 2.21 Imagens FESEM de células estaminais cultivadas em diferentes películas de a-C:H com diferentes padrões.

As hBM-MSC tratadas com/sem BDNF durante 12 dias interagiram com nanopadrões de 200 P, 300 P e 400 P, apresentando uma forma alongada com pequenas saliências de interligação, conforme demonstrado pelas imagens FESEM (Fig. 2.21 A). Em particular, nas culturas BDNF⁺ e BDNF⁻ 300 P, foi detectada uma estrutura mais organizada longitudinalmente à direção da ranhura, que estava ausente nas culturas 200 P e 400 P (Fig. 2.21 B). Estas diferenças foram confirmadas pela resposta diferente das células estaminais ao processo de diferenciação. Enquanto as culturas BDNF⁺ 200 P e 400 P resultaram numa expressão de TUJ1⁺ de 4,5% e 4,7%, respetivamente, as células semeadas em BDNF⁺ 300P apresentaram um aumento significativo de células diferenciadas (6,2%). Notavelmente, foram detectadas 2,0% de células TUJ1⁺ em substratos revestidos com 300 P (como estímulo único) sem administração de BDNF, ao passo que as células TUJ1⁺ foram apenas ligeiramente detectáveis em nanopadrões de 200 P e 400 P. Os marcadores de oligodendrócitos (marcadores O4 e GFAP) não foram detectáveis em todas as condições de cultura (Fig. 2.22).

Após o tratamento com BDNF, as células nas ranhuras a-C:H de 300 P apresentaram um fator E mais elevado em comparação com as culturas de 300 P não tratadas (E= 8,8 vs E= 6,0). Ambos os valores *de E*, no entanto, foram mais elevados em comparação com as células BDNF⁺ em 200 P e 400 P (E=5,7 e E=5,5, respetivamente), em superfícies lisas, e foram muito mais elevados em comparação com as culturas BDNF⁻ (200 P: E=3,4 e 400P: E=3,6; TCP: E=1,2; a-C:H: E=1,1). Foram observadas células com forma bipolar em 300 P, bem como em topografias de sulco de 200 P e 400 P após tratamento com BDNF solúvel. De forma notável, foram observadas células bipolares e medido um comprimento semelhante a neurite de 95 ^m em culturas a-C:H 300 P na ausência de BDNF. Por outro lado, as células bipolares estavam ausentes em

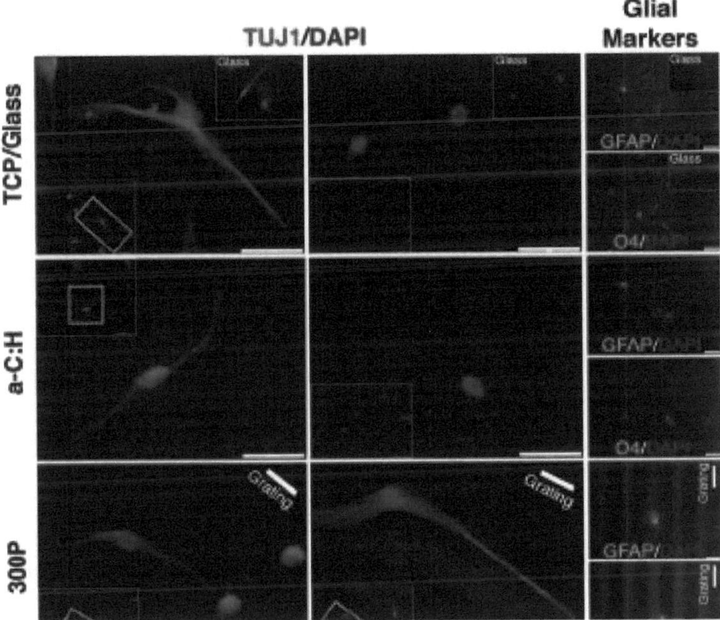

Figura 2.22: Imunofluorência de hBM-MSC cultivadas durante 12 dias.

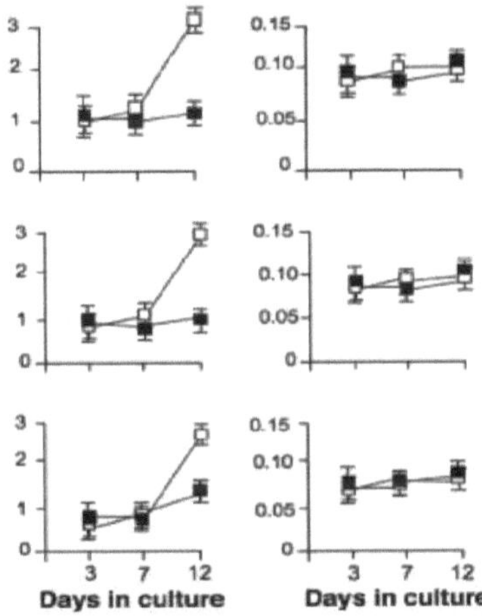

Figura 2.23: Óxido nítrico libertado por hBM-MSCs e teste de viabilidade XTT para hBM-MSCs cultivadas em TCP, ranhuras a-C:H uniformes e 300P a-C:H durante 3, 7 e 12 dias na presença (branco)/ausência (escuro) de BDNF.

culturas 200 P e 400 P sem administração de BDNF. Os níveis de NO libertado pelas células tratadas com BDNF⁻ a 300 P, 200 P e 400 P foram comparáveis aos níveis segregados por células diferenciadas em culturas TCP e a-C:H. Nomeadamente, foram observados aumentos de NO nas células BDNF⁻ de 300 P, ao passo que a medição de NO foi indetetável nas culturas não tratadas com sulco de 200 P e 400 P, confirmando assim o efeito da topografia de 300 P na indução neuronal de hBM-MSCs. Por último, os níveis de atividade da desidrogenase foram semelhantes aos das células cultivadas em TCP e a-C:H uniforme (Fig. 2.23).

As ranhuras a-C:H e o BDNF solúvel orquestram a diferenciação das hBM-MSC em direção a linhagens neuronais. Além disso, os resultados revelam que os desenhos da topografia da superfície podem induzir uma resposta das células estaminais actuando como um único estímulo. Com base no número mais elevado de células TUJ1-positivas (6,2), no valor E mais elevado (8,8), no processo tipo neurite mais longo e no maior aumento dos níveis de NO no meio de cultura, observou-se que foram alcançados resultados óptimos de diferenciação utilizando 300 P, 40/30 pm a-C:H grooves em combinação com um estímulo bioquímico exercido por BDNF solúvel. É interessante notar que, em culturas 300P sem condições de ausência de agentes de diferenciação (pelo que a topografia foi a única pista), foram observadas 2,0% de células TUJ1$^+$, o que representou aproximadamente 40% das células induzidas por neurónios cultivadas em culturas TCP/Vidro na presença de BDNF. Foi também observado que as células neurais obtidas através de um único estímulo mecânico apresentavam longas saliências semelhantes a neurites, níveis aumentados de NO e valores de E comparáveis aos medidos em superfícies lisas na presença de BDNF. Em conjunto, estas observações confirmam que a topografia 300 P é suficiente para induzir adequadamente o alongamento celular [5] e, mais em geral, desencadear a sinalização celular associada ao desenvolvimento de fenótipos neuronais.

2.7 Conclusões

Foi investigada a possibilidade de revestir vários substratos com películas de carbono amorfo através da técnica de deposição PECVD. Verificou-se que não há diferença em termos de caraterísticas dos filmes depositados entre os diferentes substratos, mas, o a-C:H foi mais estável se depositado sobre poliestireno. Foram estudados os parâmetros do processo para obter a melhor película de carbono fluorado amorfo. Foi concebido um processo que permite criar um revestimento com topografias precisas, estas topografias foram caracterizadas morfologicamente (AFM e FESEM) e quimicamente (ângulo de contacto e energia de superfície) e o desempenho das hBM-MSC sobre uma película de a-C:H configurada com revestimentos uniformes e padronizados foi investigado a fim de estudar a aplicação biomédica desses revestimentos. As hBM-MSCs apresentaram uma taxa de crescimento celular, morfologia e viabilidade semelhantes no revestimento uniforme de a-C:H e no vidro e TCP. Os resultados indicaram que os revestimentos são biocompatíveis e adequados para uma cultura óptima de células estaminais primárias. As hBM-MSCs cultivadas em substratos nanopadronizados responderam à nanotopografia sem alterações na taxa de crescimento. A relação entre VFASs por célula e área de superfície para células cultivadas em sulcos de 300 P e 400 P pode sugerir que as hBM-MSCs aderem mais fortemente a revestimentos nanopadronizados do que a superfícies planas. As hBM-MSC reagiram ao desenho geométrico dos substratos, tal como demonstrado pela arquitetura do citoesqueleto que se assemelhava às nanotopografias das ranhuras ou das grelhas e ao comportamento anisotrópico das células estaminais. O padrão de ranhura exerceu um papel mais ativo porque influenciou o alinhamento e o alongamento das células estaminais. Além disso, o estudo demonstrou que as hBM-MSCs, cultivadas em nanopontes micropadronizadas a-C:H na presença de BDNF solúvel, se diferenciam em células do tipo neuronal. Nomeadamente, apenas a topografia da superfície com largura/espaçamento das cristas de 40/30 pm , como pista única, foi capaz de induzir a diferenciação das hBM-MSC na ausência de BDNF, sugerindo a implicação da sinalização celular associada a caraterísticas mecânicas específicas do biomaterial.

Capítulo 3

NANOPADRONIZAÇÃO DE POLÍMEROS
SUPERFÍCIES

3.1   Introdução

As superfícies com as quais as células interagem são importantes para manter a viabilidade e a localização celular. As caraterísticas destas superfícies podem atuar como sinais que influenciam o comportamento celular. O movimento das células durante o desenvolvimento parece ser controlado, em parte, por sinais de orientação extrínsecos. Existem também influências locais no comportamento celular resultantes da interação célula-célula. A forma e a composição química das superfícies podem ter uma influência bidirecional na motilidade celular, um fenómeno que foi descrito como "orientação por contacto" por Weiss [1]. A orientação das células através da topografia da superfície e da química da superfície modelada foi estudada muitas vezes utilizando substratos de cultura fabricados com a ajuda de muitas técnicas. As propriedades físico-químicas do substrato foram alvo de grande atenção, incluindo a energia e a carga da superfície e a hidrofilicidade/hidrofobicidade, que podem afetar a fixação das células influenciando a capacidade do substrato para adsorver proteínas e/ou alterando a conformação das proteínas adsorvidas [13, 2]. No entanto, a topografia do substrato sobre o qual as células crescem é outro fator importante que influencia o comportamento celular [3]. A maior parte das topografias de superfície utilizadas para estudar o comportamento das células foram obtidas em dimensões micrónicas. Sugeriu-se que o alinhamento e a orientação das células se deviam ao encravamento mecânico entre as células e o substrato, e que o padrão periódico amplificaria esse efeito e dificultaria o crescimento das células sobre as cristas altas, o que resultaria no crescimento orientado das células ao longo das cristas/ranhuras [4, 5, 6] , tendo-se também considerado que a profundidade das ranhuras era o fator mais importante na orientação das células. A profundidade (ou altura) das nanoestruturas foi sugerida como um dos factores importantes que afectam a orientação das células [7, 8].

O poliestireno (PS) foi escolhido para o fabrico do substrato, uma vez que se trata de um polímero biocompatível que é amplamente utilizado em experiências de cultura de células. No capítulo anterior, verificou-se que uma dimensão específica da crista (largura e distância) pode promover a diferenciação das células estaminais. O objetivo deste trabalho é modular os parâmetros do processo de plasma de modo a desenvolver uma superfície polimérica nanopadronizada com a mesma distribuição espacial, mas com alturas diferentes, para estudar a resposta das células ao efeito combinado da química e da topografia da superfície, em comparação com o efeito apenas devido à topografia, criando um substrato de duas camadas.

3.2   Processo de padrões de superfície poliméricos

3.2.1   Deposição de película

A deposição da película de poliestireno (Fig. 3.1) foi efectuada através da técnica de revestimento por centrifugação, uma placa de Petri foi dissolvida em tolueno com uma concentração de 1 mg/10 ml [9]. Foram colocados 200 pl de solução numa lamela de vidro limpa, depois de esta ter sido colocada à velocidade de rotação de 2000 rpm, mantendo-se a velocidade de rotação do substrato durante 30 s. A configuração do spin coater (Fr10KPA da CaLCTec instruments) pode ser vista na Fig. 3.2. As amostras foram secas à temperatura ambiente durante 24 h e o tolueno foi totalmente evaporado, tal como referido por [10]. Os parâmetros da técnica de revestimento por rotação foram selecionados de modo a garantir que toda a lamela de vidro fosse coberta pela solução e que as películas obtidas fossem uniformes.

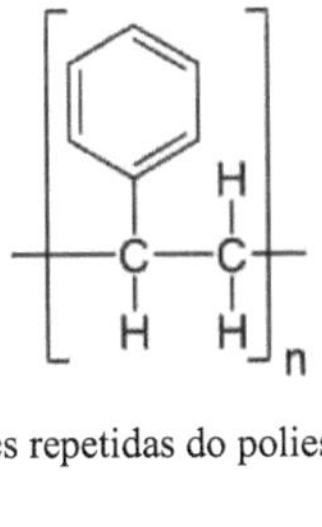

Figura 3.1: Esquema da estrutura de unidades repetidas do poliestireno.

Figura 3.2: Esquema de uma máquina de spin coater.

3.2.2 Tratamento com plasma

Foram selecionados dois tipos de superfície como substrato para este trabalho: as placas de cultura de PS e o filme de PS obtido como sugerido por [9]. As películas obtidas pela técnica de spin coating e as placas de cultura de PS foram tratadas por rf-PECVD modulando diferentes parâmetros (ver Tab. 3.1): tipo de gás: oxigénio (60 sccm) e fluxo de tetrafluoreto de carbono (20 sccm); alimentação e tempo de tratamento, a fim de estudar o seu efeito nas propriedades da superfície e na topografia da película polimérica. As películas foram colocadas na câmara de aço inoxidável e depois foram evacuadas durante 1 h até a pressão atingir 9-10-^{3} Torr. As condições de deposição foram: alimentação eléctrica de 5 W a 30 W, pressão de 9-10-^{2} Torr e tensão de polarização de 140 V a 380 V. O tempo de tratamento variou de 2,5 a 30 min. Para criar o padrão, foi selecionada a grelha TEM denominada 300 P com dimensões de 36 *pm* de largura de ranhura e 48 *pm* de espaçamento de ranhura, a mesma explicada no capítulo 2, e utilizada como máscara.

Tabela 3.1: Parâmetros de deposição de plasma.

Gás	Caudal [sccm]	RF [W]	Tempo [min]
O2	60	5	2.5;5;10;20;30
		10	
		20	
		30	
CF4	20	10	5;10;20;30
		20	

Figura 3.3: Fotografia da placa de Petri e da película de PS obtida por revestimento por centrifugação numa lamela de vidro.

3.3 Caracterização das películas

3.3.1 Caracterização morfológica

As películas de PS obtidas por spin coating eram uniformes e absolutamente transparentes, como se pode ver na Fig. 3.3, no lado esquerdo está a fotografia da placa de Petri, no lado direito a película de PS obtida por técnica de spin coating numa lamela de vidro (o quadrado escuro indica a amostra). A espessura da película foi medida utilizando o microscópio ótico de reflexão Nikon Epiphot 300 e analisada com o software NIS-elements BR (Fig. 3.4), sendo de cerca de 18 ^m.

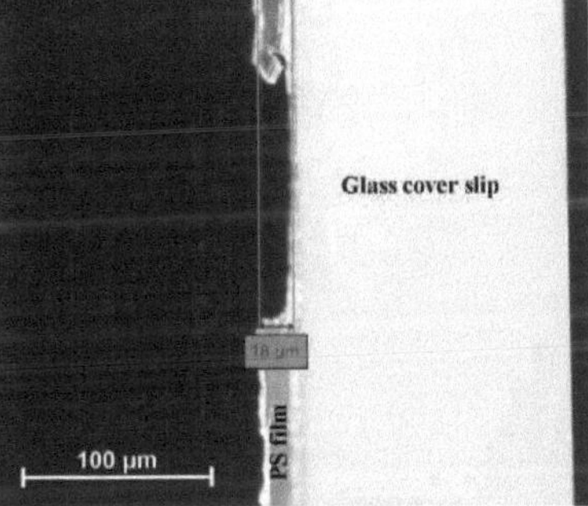

Figura 3.4: Imagem ótica da película de PS para medir a espessura.

3.3.2 Estudo de molhabilidade

As medições do ângulo de contacto estático foram realizadas em películas de PS tratadas sob fluxo de **O2** e *CF4*, utilizando água desionizada para estudar a molhabilidade e diiodometano para medir a energia livre da superfície. O ângulo de contacto estático com a água não só é um fator importante na caraterização da molhabilidade da superfície, como também é um indicador sensível da natureza química de uma superfície. A película de PS não tratada apresentou um ângulo de contacto com a água de 90°, tal como referido na literatura [11]. O gráfico da Fig. 3.5 mostra o efeito dos parâmetros do tratamento com plasma no ângulo de contacto com a água. Este valor diminuiu e depois estabilizou com o aumento do tempo de tratamento com oxigénio, com qualquer potência de radiofrequência. O valor diminuiu drasticamente dentro de um período muito curto de tratamento com plasma de oxigénio, para 2,5 min de tratamento o ângulo de contacto variou de 34° para uma potência de 5 W a um valor que é <10° para 30 W, foi obtida a mesma tendência para os tratamentos de 5 min, de 27° para 5 W a <10° para 20 W e 30 W, e tratamentos de 10 min. O valor diminui mais rapidamente à medida que aumenta a potência, atingindo um valor <10° para 5 min de tratamento a 20 W e 30 W. A Fig. 3.6 mostra algumas imagens representativas utilizadas para calcular o ângulo de contacto da água e do diiodometano dos filmes de PS. É evidente a alteração da hidrofilicidade devido ao tratamento com plasma.

Comparando o ângulo de contacto da água medido nas amostras tratadas com **O2** e com *CF4* a 10 W e 20 W (Fig. 3.7), verifica-se que as superfícies tratadas com oxigénio são mais hidrofílicas do que as amostras tratadas com **CF4**. A hidrofilicidade foi medida não só pelo ângulo de contacto mas também pela energia de superfície, tendo sido estudada a alteração da energia de superfície livre. A Tab. 3.2 apresenta os valores da água e do diiodometano

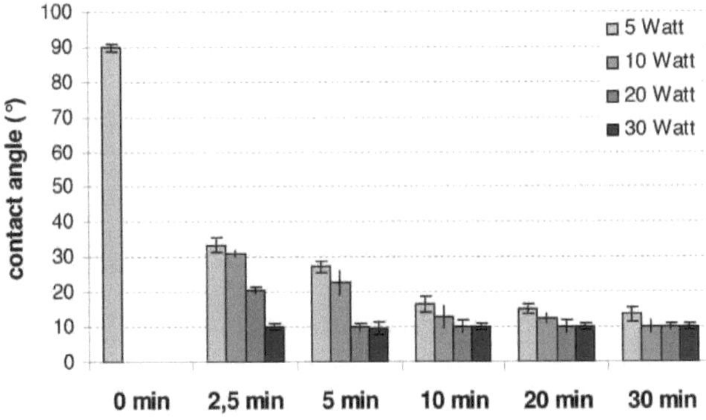

Figura 3.5: Ângulo de contacto com a água de películas de poliestireno tratadas com plasma de oxigénio.

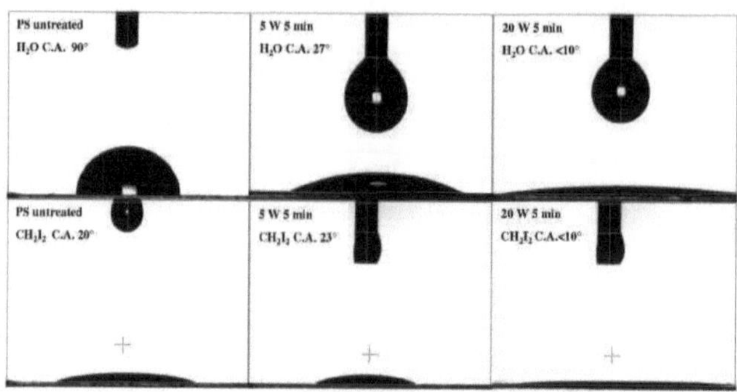

Figura 3.6: Ângulo de contacto da água e do diiodometano de algumas películas de poliestireno tratadas com plasma de oxigénio.

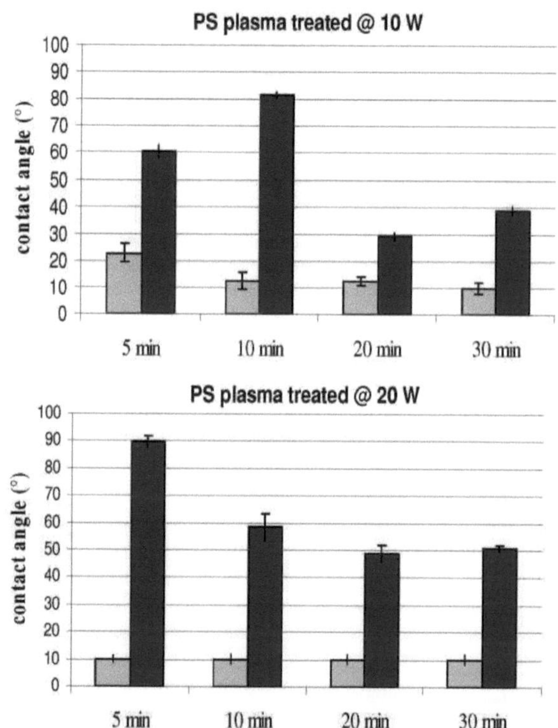

Figura 3.7: Ângulo de contacto com a água de películas de poliestireno tratadas com plasma de O2 (colunas claras) e *CF4* (colunas escuras).

Tabela 3.2: Ângulos de contacto e energia de superfície (y) e respectivos componentes dispersos (*yd*) e polares (*yp*) de películas de poliestireno tratadas com O_2 e *CF$_4$* durante 5 min

Amostra	*H2O* C. A. [°]	**CH2I2** C. A. [°]	^{y} [mN/m]	y^d [mN/m]	y^p [mN/m]

PS	90	20	48.11	47.75	0.36
O2 5 W	27	23	73.37	46.81	26.56
O2 20 W	8	3	80.79	50.71	30.08
CF4 20 W	89	15	49.33	49.01	0.32

ângulo de contacto utilizado para calcular a energia de superfície por [12] nas suas componentes dispersas e polares. Foram escolhidas amostras significativas para verificar a alteração da energia de superfície. Foi referido que só se verificava um bom espalhamento celular quando y era superior a aproximadamente 57 mN/m [13], pelo que os tratamentos com oxigénio tornam a superfície muito hidrofílica e presumivelmente adequada para culturas celulares, aumentando a energia de superfície de 48,11 mN/m para o PS não tratado para 80,79 mN/m para um tratamento a 20 W durante 5 min, enquanto o tratamento durante 5 min em *CF4* a 20 W deixa praticamente inalterada a molhabilidade da superfície.

3.4 Caracterização de filmes poliméricos modelados

A caraterização morfológica foi efectuada através da análise FESEM e AFM, a fim de estudar a espessura da crista e a inclinação da transição. A Fig. 3.8 mostra a morfologia da película modelada, as ranhuras expostas ao plasma foram perfuradas. A partir da figura, é fácil ver o efeito de corrosão do tratamento de plasma, a região não coberta pela máscara e exposta ao tratamento de plasma resulta bem definida, com uma borda clara. A dimensão do padrão obtido foi de 40 *pm* de largura de ranhura e 30 *pm de* espaçamento. Para caraterizar a espessura dos sulcos foi utilizada a análise AFM. A Fig. 3.9 mostra o efeito do tempo de tratamento, se este aumentar a espessura do degrau é maior, este efeito ocorre em qualquer fonte de energia para o plasma (Fig. 3.9 e Fig. 3.10). Em qualquer caso, como se pode ver nas figuras, o perfil da crista é claro, é evidente o efeito de ataque do tratamento por plasma em oxigénio.

Figura 3.8: Imagens FESEM das cristas obtidas com plasma de oxigénio a 30 W durante 20 min.

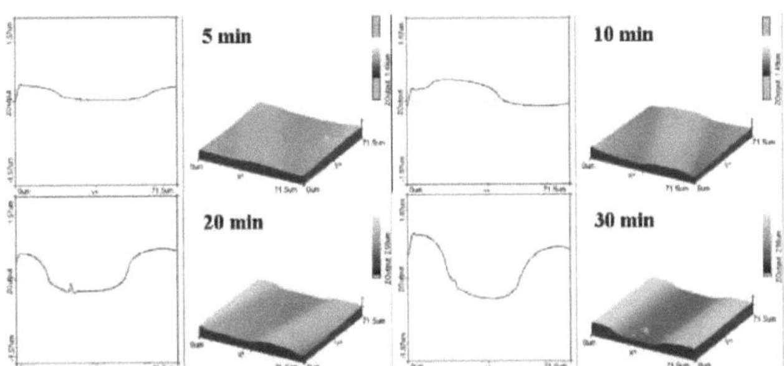

Figura 3.9: Perfil AFM e imagens 3D das cristas obtidas com plasma de oxigénio a 20 W para vários tempos de tratamento.

Todos os dados de espessura são apresentados na Fig. 3.11. Com os tratamentos a 10 W foram obtidas alturas de cristas que variam de 50 nm a 280 nm, para tratamentos a 20 W as alturas variam de 140 nm para 5 min a 1100

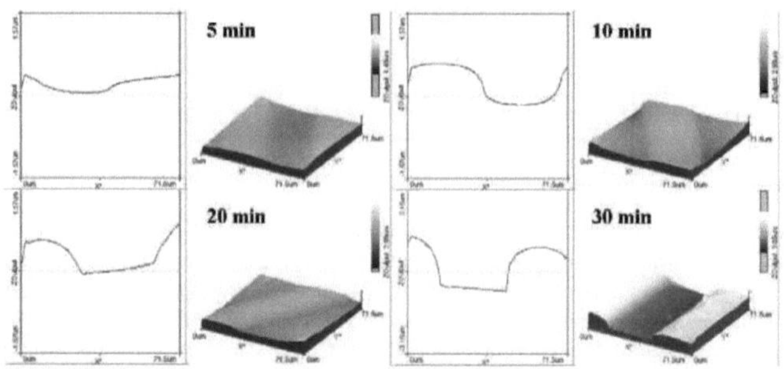

Figura 3.10: Perfil AFM e imagens 3D das cristas obtidas com plasma de oxigénio a 30 W para vários tempos de tratamento.

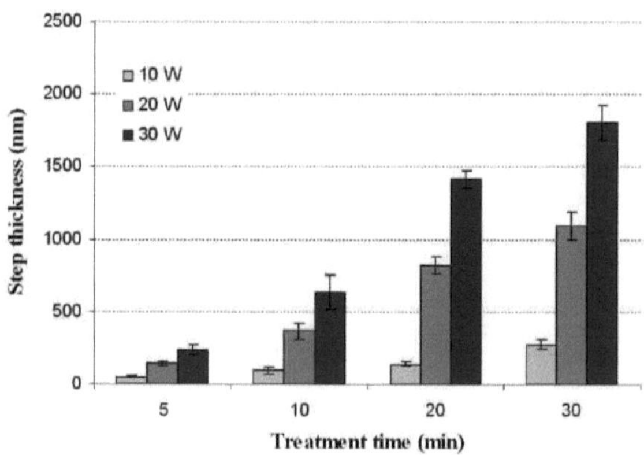

Figura 3.11: Espessura do degrau medida por AFM para a amostra tratada com oxigénio a diferentes potências durante diferentes tempos.

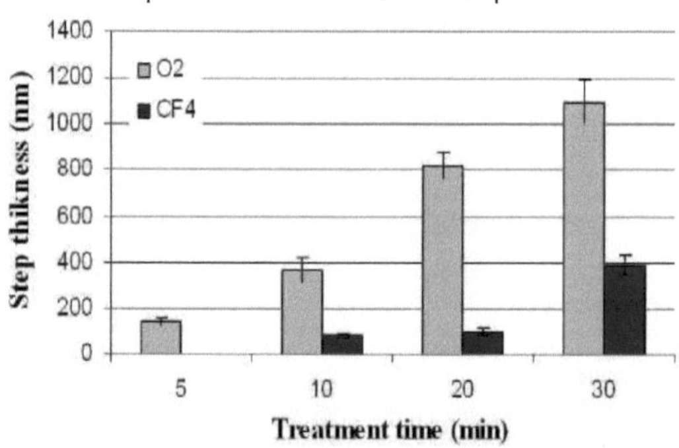

Figura 3.12: Espessura do degrau medida por AFM para a amostra tratada com O2 e *CF4* a 20 W durante diferentes tempos.

nm durante 30 min, finalmente para tratamentos a 30 W foram medidos passos de 236 nm durante 5 min e 1800 100 nm durante 30 min de tratamento. A Fig. 3.12 mostra a espessura do passo *do* tratamento com plasma CF4 em comparação com o tratamento com oxigénio. Os sulcos induzidos pelos tratamentos *com CF4* foram muito inferiores aos produzidos pelo efeito do **O2**. Para os tratamentos a 10 W, as cristas só são detectáveis para um tempo de tratamento de 30 min com uma espessura de 150 nm, enquanto que para uma potência de 20 W as alturas variam de 80 nm para 10 min a 390 nm para 30 min. O tratamento a 20 W durante 5 min não induziu uma crista mensurável. Utilizando o tratamento com plasma, foi produzida uma superfície nanoestruturada com ranhuras hidrofílicas e cristas hidrofóbicas.

3.5 Filmes de duas camadas PS/a-C:H

Para estudar o efeito estritamente devido à altura do degrau em comparação com o efeito combinado da altura e da diversidade de hidrofilicidade entre a base do degrau (PS tratado com plasma em oxigénio) e a superfície superior (PS não tratado), tal como referido anteriormente, foram preparadas películas de duas camadas que combinam o efeito de ataque do plasma na superfície do PS e a deposição de película fina de a-C:H. Na Fig. 3.13 é apresentada a composição das películas de duas camadas, sobre a lamela de vidro foi depositada por técnica de spin coating uma película de PS com cerca de 18 pm, num caso (Fig. 3.13 a) foi depositada uma película de a-C:H sobre PS uniforme, a estratigrafia neste caso pode ser vista na Fig. 3.14, no outro caso a PS foi modelada por tratamento com rf-plasma de oxigénio e sobre o padrão foram depositadas as películas de a-C:H. Para depositar os filmes de carbono amorfo foram utilizados os parâmetros descritos no capítulo 2.

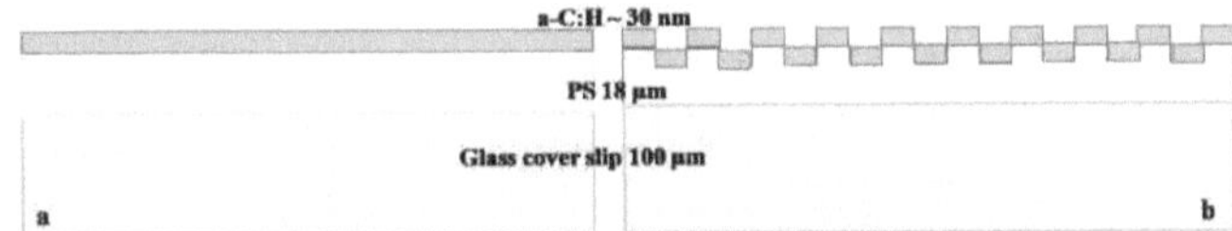

Figura 3.13: Esquema da película bicamada depositada num substrato de lamela de vidro.

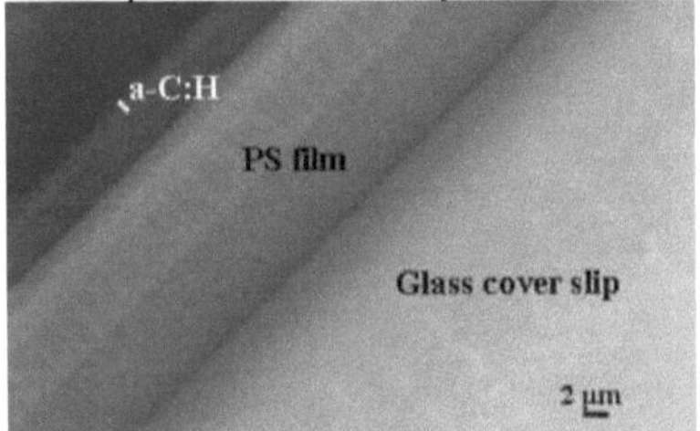

Figura 3.14: Imagem FESEM da estratigrafia de duas camadas.

As propriedades químicas das películas de superfície bicamada foram as do carbono amorfo, uma vez que as medições do ângulo de contacto foram afectadas apenas a partir dos primeiros angstroms de material. A deposição de a-C:H foi uniforme em toda a superfície, os padrões e os não padrões foram cobertos por carbono amorfo, pelo que as alturas das cristas foram as obtidas em películas de PS por tratamentos com plasma de oxigénio.

A fim de estudar as propriedades mecânicas da película bicamada, a caraterização micromecânica foi efectuada pelo nanoindentador Nano Test (Fig. 3.15) da Micromaterials Ltd. Numa indentação piramidal, o NanoTest mede a profundidade de penetração do indentador de diamante calibrado em função da carga aplicada durante um ciclo de carga-descarga. Ao descarregar, o componente elástico do deslocamento começa a recuperar, produzindo uma curva de descarga inclinada em vez de horizontal. É a partir desta inclinação que as propriedades elásticas e plásticas podem ser derivadas. Para fins estatísticos, foram efectuadas 25 indentações adquiridas sob os mesmos parâmetros, utilizando um indentador Berkovich (uma ponta de pirâmide de três lados, 142,3°). Para determinar as propriedades mecânicas da amostra de ensaio, os dados de descarga da profundidade vs. carga podem ser ajustados a uma lei de potência

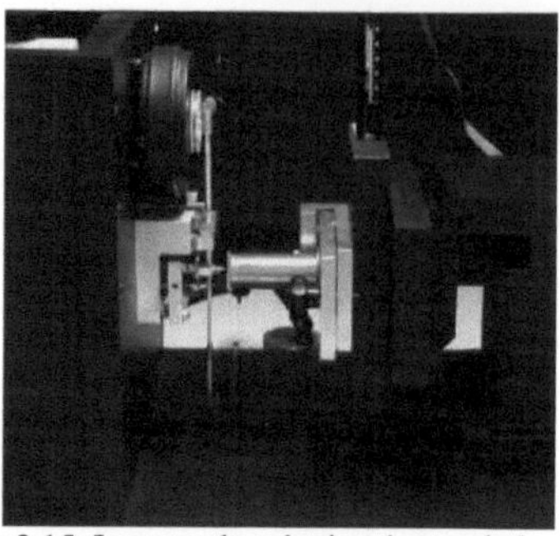

Figura 3.15: Imagem da máquina de nanoindentação.

(ajuste de Oliver e Pharr [14]):

$$P = \alpha h_c^m$$

onde a e m são constantes, a profundidade plástica é determinada a partir da expressão:

$$h_c = h_{max} - \varepsilon(C P_{max})$$

em que C é a conformidade de contacto igual à tangente à carga máxima. O valor de s depende da geometria do indentador. Para um indentador Berkovich, s é 0,75. A dureza (H) é determinada a partir da carga máxima (*Pmax*) e da área de contacto projectada (A):

$$H = P_{max}/A$$

Para obter o módulo de elasticidade, a parte de descarga da curva profundidade-carga é analisada de acordo com uma relação que depende da área de contacto:

$$C = \frac{\sqrt{\pi}}{2E_r \sqrt{A}}$$

em que C é a complacência de contacto e Er é o módulo reduzido definido por

$$\frac{1}{E_r} = \frac{1-v_s^2}{E_s} + \frac{1-v_i^2}{E_i}$$

em que v_s é o coeficiente de Poisson da amostra, vi é o coeficiente de Poisson do indentador (0,07), E_s é o módulo de Young da amostra e Ei é o módulo de Young do indentador (1141 GPa).

Para estudar os melhores parâmetros para o ensaio de indentação foram efectuados dois tipos de ensaio, um para uma carga máxima de 10 mN e outro para uma carga de 5 mN. Na Fig. 3.16 são apresentadas as imagens destas indentações.

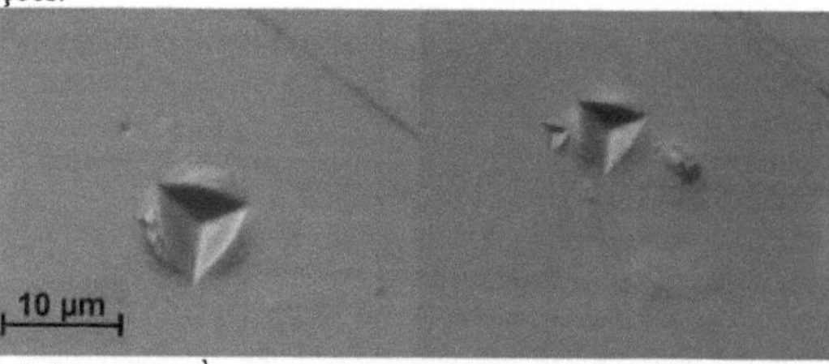

Figura 3.16: Imagens de indentações. À esquerda com uma carga de 10 mN, à direita com uma carga de 5 mN.

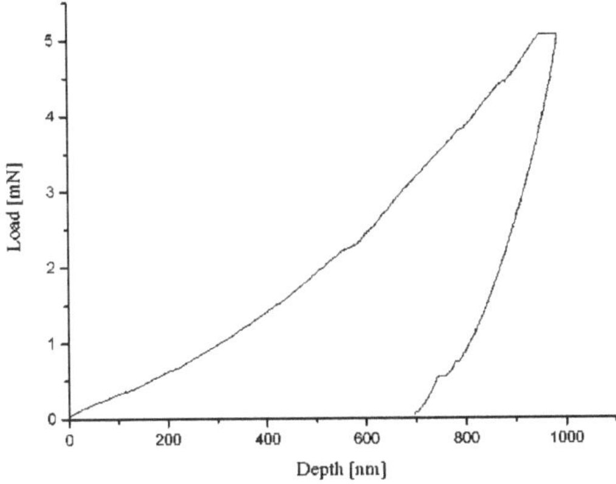

Figura 3.17: Profundidade típica de carga-penetração para uma indentação num prato de PS.

Tabela 3.3: Propriedades mecânicas das placas de PS não revestidas e revestidas com a-C:H com diferentes espessuras.

Amostra	H [GPa]	Er [GPa]	coeficiente de atrito
Prato PS	0.265±0.011	6.6±0.1	0.76±0.04
PS + a-C:H (~ 30 nm)	0.237±0.007	5.1±0.2	0.17±0.02

Uma vez que os valores obtidos para a dureza e o módulo reduzido são os mesmos, todos os ensaios foram efectuados com uma carga máxima de 5 mN, com uma taxa de carga/descarga de 0,2 mN/s e um tempo de permanência de 60 s. A Fig. 3.17 mostra uma curva típica carga-profundidade de penetração para uma placa de PS utilizada para calcular as propriedades mecânicas.

Foram testados os pratos de PS e os pratos de PS revestidos com uma película fina de a-C:H (Tab. 3.3). A dureza (H) e o módulo reduzido (Er) para o PS foram consistentes com a literatura [15, 16], a redução das propriedades mecânicas para o PS revestido com uma película fina de a-C:H pode dever-se ao facto de a película ser muito fina (~ 30 nm) e o carbono amorfo durante o processo de aproximação da ponta à superfície da amostra pode partir-se. Ao avaliar as caraterísticas das amostras revestidas, analisar-se-ão não só as propriedades do revestimento, mas também as propriedades de adesão e de interface. O facto interessante é o coeficiente de atrito, que diminui de 0,76 para 0,17 para a amostra revestida com PS, o que mostra como as caraterísticas físicas e químicas se devem exclusivamente ao revestimento superficial de carbono amorfo.

3.6   Estudo da interação das células estaminais com filmes

Tal como o estudo das interações entre as células estaminais e o filme de carbono amorfo apresentado no capítulo 2, este estudo foi realizado nos laboratórios do departamento de medicina experimental e ciências bioquímicas, secção de bioquímica e biologia molecular, da Universidade de Perugia, seguindo os protocolos anteriormente descritos.

Tabela 3.4: Fator E e percentagem de alinhamento para células semeadas em placas de Petri tratadas com plasma de oxigénio para criar sulcos.

Parâmetros de tratamento	Fator E	% Alinhamento
10 W 10 min	2.4	20
30 W 5 min	3.5	8
30W 10 min	1.9	9
30 W 20 min	5.6	30

| 30 W 30 min | 3.4 | 45 |

Tabela 3.5: Fator **E** e percentagem de alinhamento para células semeadas em a-C:H montadas em placas de Petri tratadas com plasma de oxigénio para criar sulcos.

Parâmetros de tratamento	Fator E	% Alinhamento
10W 10 min	1.9	7
30 W 5 min	5.6	3
30 W 10 min	3.3	8
30 W 20 min	5.2	27
30 W 30 min	6.3	71

Os resultados apresentados na Tab. 3.4 mostram que existe uma maior percentagem de células alinhadas no caso de uma crista mais alta, este comportamento também pode ser observado na Tab. 3.5. De modo a compreender a diferença entre o efeito combinado do padrão químico e topográfico, no caso da padronização de Petri, e o efeito da única nanoestrutura topográfica, Petri padronizado revestido com a-C:H, podem-se comparar as duas tabelas e verifica-se uma diferença significativa apenas no caso da topografia com os degraus mais altos o fator de alongamento aumentou de 3,4 para 6,3 e a percentagem de células alinhadas de 45% para 71%. Na fig. 3.18 foram apresentadas imagens representativas de células semeadas em película de PS, podendo ver-se como as células nas cristas mais altas eram alongadas e mais alienadas em relação às das cristas mais baixas.

3.7 Conclusões

O poliestireno foi produzido pela técnica de spin coating, tendo os efeitos dos tratamentos com plasma sido investigados em termos de hidrofilicidade e gravura. Os resultados da caraterização morfológica sublinharam que **o O2** é mais agressivo do que *o CF4*, com cristas mais elevadas. Foi realizado um sistema de duas camadas com as propriedades gerais do poliestireno e as caraterísticas de superfície do a-C:H, tal como sublinhado pela caraterização mecânica. A interação das células com as películas demonstrou que o alinhamento foi promovido pelas cristas de altura sem diferenças químicas.

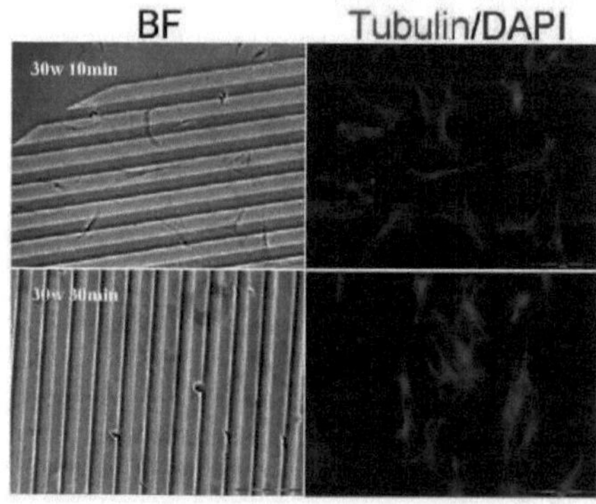

Figura 3.18: Imagens representativas de células semeadas em cristas de PS.

Capítulo 4

MODIFICAÇÃO DA SUPERFÍCIE DO POLÍMERO BIODEGRADÁVEL PLLA

4.1 Introdução

Muitas estratégias de engenharia de tecidos têm-se centrado na utilização de polímeros sintéticos biodegradáveis como suportes para orientar o crescimento e a diferenciação de células específicas. Os poli(a-hidroxiésteres) estão entre os poucos polímeros sintéticos aprovados para utilização clínica em seres humanos [1]. Demonstrou-se que são biocompatíveis, biodegradáveis e facilmente processáveis. Para além disso, as propriedades físicas, químicas, mecânicas e degradativas destes materiais podem ser concebidas para se adequarem a uma determinada aplicação. O comportamento de degradação de um biomaterial tem um impacto crucial no desempenho a longo prazo de uma construção de células/polímeros com engenharia de tecidos. A cinética da degradação pode afetar uma série de processos, como o crescimento celular, a regeneração dos tecidos e a resposta do hospedeiro. A degradação hidrolítica do poli(L-ácido lático) (PLLA) é um processo bem conhecido, que se degrada por hidrólise simples das ligações éster [2] em ácido lático, que acaba por ser removido do corpo por vias metabólicas normais. Isto acontece principalmente na maior parte do material e não na sua superfície [3]. A clivagem das cadeias hidrolíticas ocorre preferencialmente em regiões amorfas, levando assim a um aumento da cristalinidade global do polímero [4]. Estes mecanismos podem ser afectados por vários factores, tais como a estrutura química, a massa molar e a sua distribuição, a pureza, a morfologia, a forma e a história da amostra, bem como as condições em que a hidrólise é conduzida [5, 6]. O enxerto e a polimerização por plasma foram investigados para melhorar a adesão celular e a biocompatibilidade do PLLA [7] e para melhorar as propriedades de barreira das películas de PLLA [8]. É concebível que a modificação da superfície por plasma permita a modulação das propriedades de degradação e possa proporcionar novas formas de controlar a biodegradação dos polímeros para uma variedade de aplicações. Recentemente, foram estudados métodos de produção de materiais de teste de referência, como o pó de polímero de ácido poli(lático), para testes de avaliação da biodegradação. Nalguns trabalhos [9, 10], o tratamento adequado **com** plasma **de O2** melhora a hidrofilicidade da superfície e a biodegradação da película de PBS, ao passo que noutros [11, 12] a promoção da biodegradação não foi necessariamente observada com os tratamentos com plasma de **O2, N2** e *He*, apesar de a superfície ter sofrido alterações em termos de hidrofilicidade. O PLLA também foi tratado com plasma **de O2, N2** e He, mas a biodegradação não foi praticamente melhorada [13]. Em conclusão, alguns autores planearam melhorar a biodegradação de poliésteres alifáticos através do tratamento com plasma de **O2, N2**, *He* e *NH3*, o que não conduziu a um efeito positivo claro. O tratamento com plasma é uma técnica útil para aumentar a hidrofilicidade das películas de polímeros biodegradáveis [14]. No entanto, deve ser considerado o efeito desta técnica na profundidade de modificação e na degradação das películas. Neste capítulo, foi investigada a influência dos tratamentos com plasma **de O2** e *CF4* nas propriedades de superfície e de degradação.

4.2 Preparação da película e tratamento por plasma

O poli(L-lactido) (PLLA Fig. 4.1) (I.V. 0,95-1,20 dL/g em **CHCl3**) foi adquirido à Absorbable Polymers-Lactel. As películas de PLLA foram produzidas por moldagem por solvente em diclorometano (**CH2Cl2**) fornecido pela Fluka. As películas foram obtidas dissolvendo os grânulos de polímero em CH2Cl2 (10% p/v) e utilizando um agitador magnético à temperatura ambiente (RT) para obter uma dissolução completa do polímero. A solução foi moldada numa folha de teflon e o solvente foi evaporado lentamente ao ar à temperatura ambiente durante 24 horas para evitar a formação de bolhas de ar. O solvente restante foi removido numa estufa a 40°C durante uma semana. As películas obtidas têm uma forma circular e duas espessuras diferentes: 0,3 mm (denominada película espessa) e 20 pm (denominada película fina) e duas faces morfologicamente diferentes: a superfície inferior plana, em contacto com o teflon durante o processo de moldagem, e a face superior, exposta ao ar. As duas superfícies das películas foram tratadas através do método rf-PECVD (Tab. 4.1) sob fluxo de **O2** e *CF4*. As películas foram colocadas na câmara de aço inoxidável e depois evacuadas durante 1 h até P = 940^{-3} Torr. O fluxo de oxigénio foi mantido a 60 sccm enquanto *o* fluxo de *CF4* foi mantido a 22 sccm. As condições de deposição foram a alimentação eléctrica de 20 W, a tensão de polarização de 220 V, a pressão de *O2* foi de $1\text{-}10^{-1}$ Torr e os tempos de tratamento foram de 2 e 20 min, para o *CF4* a pressão foi de $8\text{-}10^{-2}$ Torr e o tempo de tratamento apenas de 20 min.

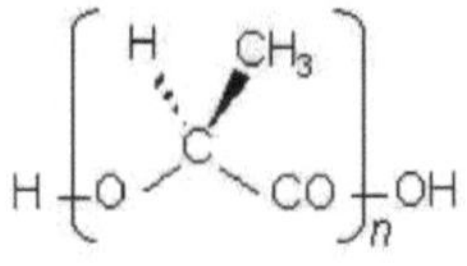

Figura 4.1: Estrutura de unidades repetidas de PLLA.

Tabela 4.1: Parâmetros do plasma utilizados para tratamentos de PLLA a 20 W

Gás	Caudal [sccm]	P [Torr]	Tempo [min]
O2	60	$1.3\text{-}10^{-1}$	2
O2	60	$1.3\text{-}10^{-1}$	20
CF4	25	9.540^{-2}	20

Tal como descrito no capítulo 1, o processo de plasma pode ser dividido em três categorias: deposição, tratamento e gravação. Nas modificações de superfície descritas anteriormente, ocorrem os processos de tratamento e de gravura. Para estudar o efeito de corrosão dos tratamentos com plasma, foi calculada a alteração de massa durante o processo [15], as amostras foram pesadas antes (*mb*) e depois (*ma*) do tratamento e a perda de massa foi calculada da seguinte forma

$$change\ of\ mass = \frac{m_b - m_a}{S_s}$$

onde Ss é a superfície da amostra. A Fig. 4.2 mostra a alteração da massa para a área de superfície exposta devido aos parâmetros do processo PECVD (gás, tempo), revelando o efeito do ataque iónico. Para tratamentos de 20 min a uma potência de frequência de 20 W, o tratamento com oxigénio é mais agressivo, com uma redução de massa duas vezes superior à *do* **CF4**. Além disso, verifica-se que a alteração da massa aumenta com o tempo de tratamento, 0,274 mg/cm^2 para 20 minutos de tratamento com oxigénio a 20 W e 0,044 mg/cm^2 para 2 minutos de tratamento.

4.3 Caracterização da superfície

A análise FESEM e AFM foi utilizada para caraterizar a morfologia da superfície das superfícies superior e inferior das películas finas e espessas de PLLA. Na Fig. 4.3 foram registadas as imagens FESEM da película fina de PLLA não tratada, a superfície superior (a,c e d) mostra uma morfologia em forma de anel devido à evaporação do solvente [22-24], o diclorometano tem uma temperatura de evaporação de 40°C com uma taxa de evaporação elevada, a superfície era plana e o tamanho e a distribuição dos poros não são uniformes (Fig. 4.3, a). Na Fig. 4.3 c e d pode ver-se que os poros estão distribuídos não só na superfície, mas também na parede dos poros existem orifícios mais pequenos. A superfície inferior da Fig. 4.3 b é uniforme e plana. A superfície do PLLA espesso (Fig. 4.4) foi ondulada e

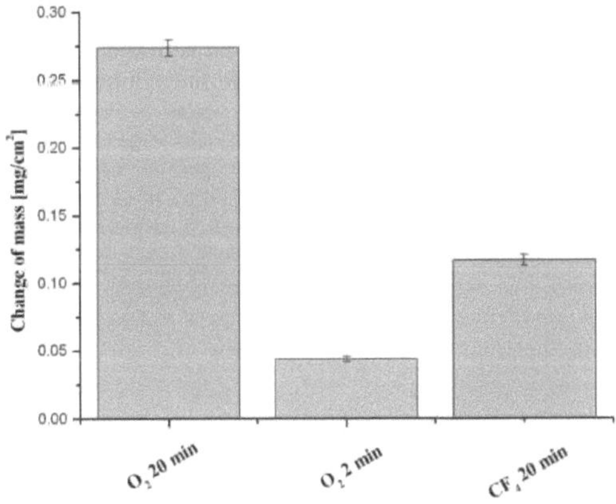

Figura 4.2: A massa reduzida da película por tratamento de plasma, potência rf 20 W.

a forma e a distribuição dos poros são irregulares. Além disso, no caso de películas espessas, as paredes dos poros não apresentam buracos, mas uma rugosidade irregular.

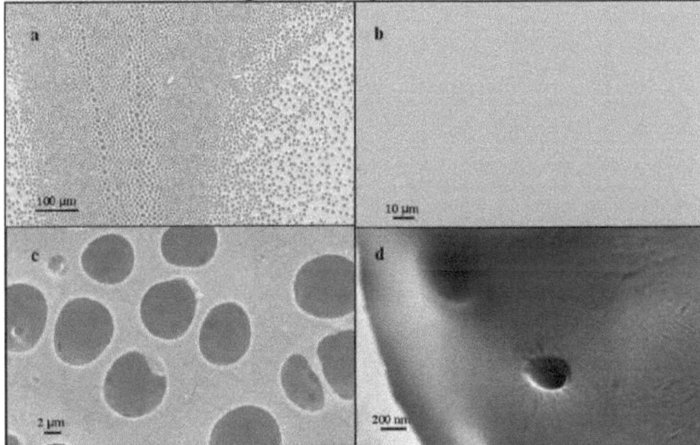

Figura 4.3: Imagens FESEM da película fina de PLLA pura: (a,c,d) superfície superior; (b) superfície inferior.

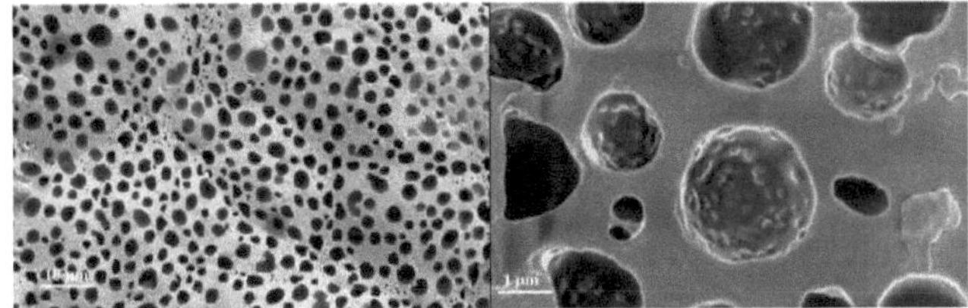

Figura 4.4: Imagens FESEM da película espessa de PLLA puro. A imagem com maior ampliação foi adquirida pelo detetor InLens.

A análise AFM foi efectuada apenas nas superfícies superiores das películas finas. A Fig. 4.5 mostra a vista topográfica em 2D (tamanho de varrimento 70 ^m) e 3D (tamanho de varrimento 5 ^m) do PLLA não tratado e tratado, sublinhando o efeito dos tratamentos nas superfícies do PLLA. O efeito de corrosão do plasma de oxigénio pode ser visto na formação de uma estrutura semelhante a nanopartículas, 2 minutos de tratamento foram suficientes, a distribuição da nanoestrutura tornou-se mais regular com 20 minutos de tratamento. As imagens 3D com um tamanho de varrimento de 5 pm mostram o efeito dos tratamentos com plasma nos orifícios da película. Para compreender melhor os efeitos dos tratamentos, foi efectuada a análise FESEM a ambas as superfícies (Fig. 4.6). O efeito de corrosão dos tratamentos com plasma é claramente visível, mesmo com uma ampliação reduzida. As amostras tratadas com plasma de oxigénio durante 2 minutos mostram um aumento da rugosidade da superfície com o aparecimento de micro e nano estruturas com uma distribuição não uniforme. O efeito do tratamento é também visível nos poros interiores, que aumentam de tamanho à medida que a superfície aumenta. Aumentando o tempo de processamento, as estruturas de tamanho micrométrico desaparecem e as nanoestruturas distribuem-se de forma mais uniforme. O efeito na superfície superior também confirma a presença de poros abaixo da superfície, a exposição mais longa ao plasma revela os poros. O efeito do plasma *CF4* resulta num aumento da rugosidade da superfície e na abertura dos poros, as nanoestruturas criaram formas diferentes em comparação com as geradas pelo plasma de oxigénio numa distribuição muito homogénea, com o mesmo tempo de tratamento o plasma *CF4* não parece capaz de fazer emergir os poros logo abaixo da superfície das películas finas.

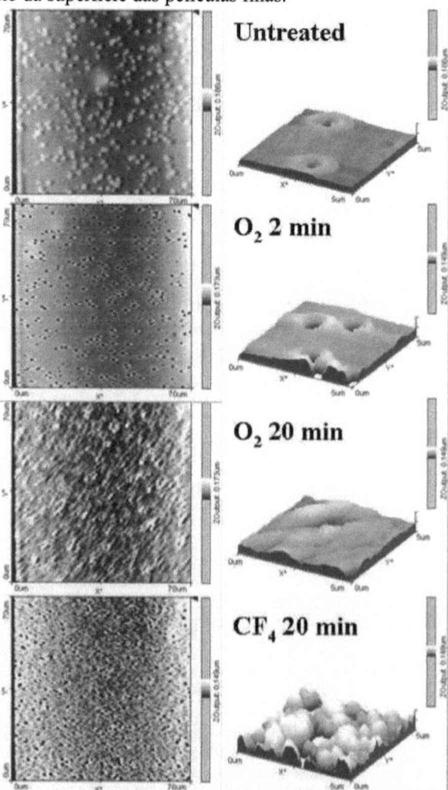

Figura 4.5: Imagens AFM de películas finas de PLLA não tratadas e tratadas com plasma em O2 durante 2 min e 20 min e *CF4* durante 20 min.

Foram efectuadas medições do ângulo de contacto estático da água para estudar os efeitos dos tratamentos com plasma na molhabilidade. O PLLA não tratado tem um ângulo de contacto com a água de 73° que diminui com o tratamento com oxigénio para qualquer tempo de 50°, enquanto o comportamento da amostra tratada com *CF4* foi peculiar, na Fig. 4.7 foram relatados os ângulos de contacto dependentes do tempo, a hidrofilicidade mudou num tempo muito curto, o ângulo de contacto varia de 113° para 53° em 15 segundos. Estas alterações do ângulo de contacto devem-se à morfologia diferente induzida pelos tratamentos com plasma, como descrito anteriormente, o **O2** cria nanoestruturas com forma esférica, enquanto o efeito de corrosão do *CF4* cria nanolamelas.

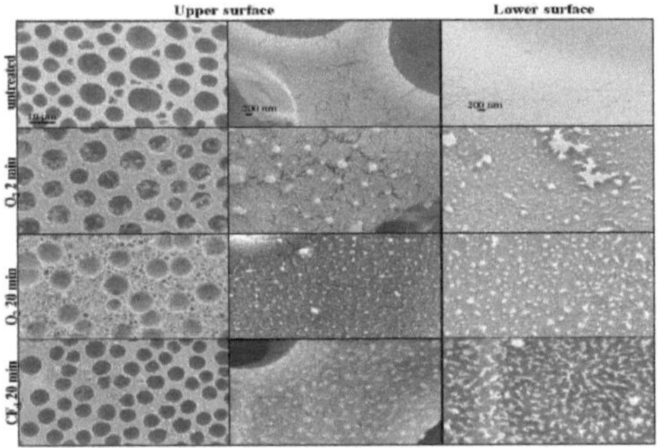

Figura 4.6: Imagens FESEM das películas finas de PLLA não tratadas e tratadas com plasma em O2 durante 2 min e 20 min e **CF4** durante 20 min.

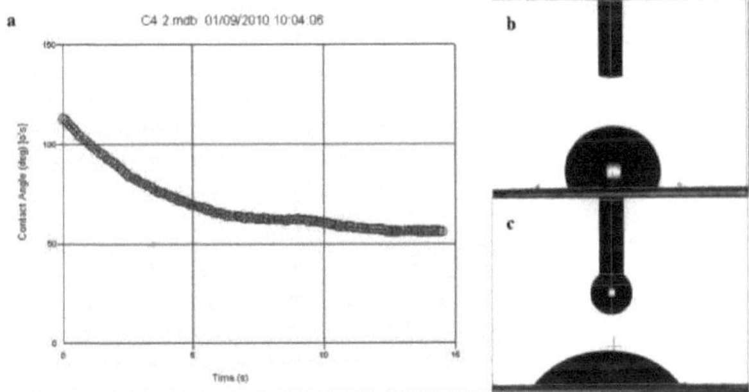

Figura 4.7: Gráfico do ângulo de contacto da água em função do tempo (a); ângulo de contacto das gotículas inicial (b) e estabilizado (c) para películas de PLLA tratadas com plasma **CF4**.

O FTIR é utilizado para avaliar se a estabilidade química do polímero é afetada pelos tratamentos de superfície. A análise dos espectros não sugeriu alterações químicas provocadas pelo tratamento (como se pode ver na Fig. 4.8), quer no grupo carbonilo a 1750 cm^{-1}, quer nos picos de estiramento C-O-C a 1080 cm^{-1} ou nas bandas de C-H, o que confirma o facto de as caraterísticas do material a granel permanecerem inalteradas [14].

4.4 Efeito da modificação da superfície no estudo de degradação *in-vitro*

O estudo de degradação *in vitro* foi efectuado colocando 0,2 g de PLLA e PLLA modificado à superfície em 10 ml de solução salina tamponada com fosfato (PBS) em frascos selados, que foram depois colocados numa incubadora EN 400 (NÜVE) a 37,0±0,1°C (Fig. 4.9). A solução PBS foi preparada dissolvendo 8 g de NaCl, 2 g de

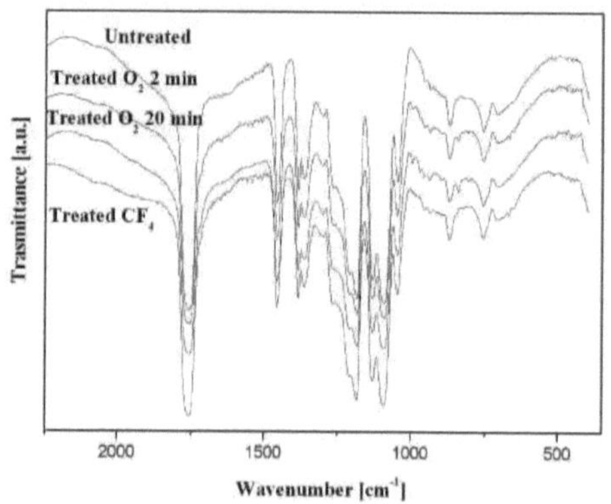

Figura 4.8: A massa reduzida da película por tratamento de plasma, potência rf 20 W.

KCl, 26,8 g de Na2HPO4 e 2,4 g de KH2PO4 em 1 l de água destilada. O pH foi então ajustado para 7,4 com NaOH. Na prática, antes de iniciar os testes de hidrólise, as amostras foram moldadas como películas de cerca de 0,3 mm de espessura. [2]Numa segunda fase, cada película foi cortada em amostras rectangulares de 1,3x5,0 *cm* (três amostras por amostra). Cada amostra foi então mergulhada num frasco contendo 10 ml de tampão fosfato PBS a pH 7,4. Os frascos foram colocados na incubadora a 37°C. Em períodos pré-determinados (2 dias, todas as semanas, durante 2 meses), os provetes foram retirados da solução-tampão e lavados várias vezes com água destilada.

Figura 4.9: Imagem das amostras na incubadora para o estudo da degradação.

4.4.1 Caracterização morfológica

A caraterização morfológica foi efectuada a fim de estudar a degradação das películas espessas. As alterações do aspeto geral da amostra após a hidrólise podem ser, em primeiro lugar, avaliadas visualmente, como revela a Fig. 4.10, onde se nota uma alteração significativa da opacidade da amostra. A modificação da opacidade de cada amostra pode ser explicada por vários fenómenos que ocorrem ao longo da degradação. De facto, as alterações na aparência estão diretamente relacionadas com a difusão da luz através do material. Esta difusão pode ser alterada por uma evolução da cristalinidade da matriz polimérica. Uma vez que se sabe que a degradação hidrolítica das cadeias de poliéster tem lugar na fase amorfa da matriz [4], espera-se que este fenómeno aumente a cristalinidade do PLLA, o que se traduz num aumento da opacidade global das amostras. Além disso, as amostras tornaram-se frágeis e partiram-se em dois ou três pedaços grandes após 49 dias.

Figura 4.10: Imagens das películas de PLLA puro e tratado degradadas em 20 ml de PBS a 37°C em

diferentes tempos de degradação.

4.4.2 Perda de massa e absorção de água

As amostras foram pesadas antes de serem colocadas no meio de degradação, a fim de determinar a massa inicial das películas, *mini* . A intervalos regulares, as amostras foram recuperadas, lavadas suavemente com água destilada, esfregadas com papel absorvente e imediatamente pesadas para obter a massa húmida das películas, *mwet* . Finalmente, as amostras foram secas numa estufa durante uma semana e pesadas novamente para obter a massa seca deixada após a degradação, *mdry* . O teor de água e a perda de massa da película foram então calculados da seguinte forma [19]:

$$Water\ content = \frac{m_{wet} - m_{dry}}{m_{dry}} \cdot 100$$

$$Mass\ loss = \frac{m_{ini} - m_{dry}}{m_{ini}} \cdot 100$$

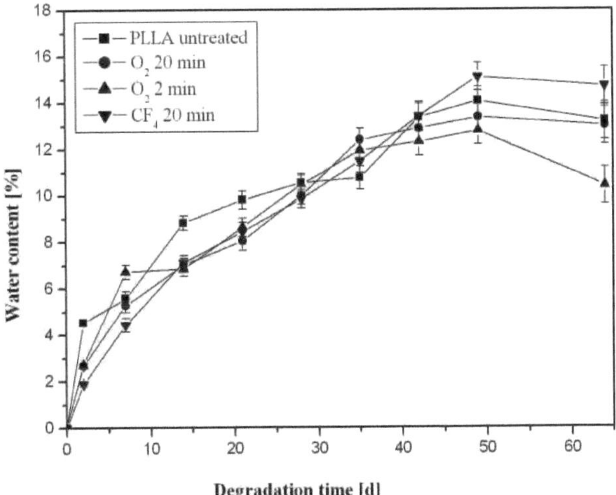

Figura 4.11: Teor de água versus tempo de degradação para PLLA puro e filmes tratados degradados em 20 ml de PBS a 37°C.

Como se pode ver na Fig. 4.11, assim que as películas foram colocadas no meio, a água difundiu-se no interior das películas, resultando num aumento do teor de água, fenómeno que não é afetado pelos tratamentos de superfície. A perda de peso é um índice da quantidade de oligómeros e monómeros solúveis em água formados como resultado da hidrólise e libertados dos resíduos cristalinos de PLLA. A perda de massa (Fig. 4.12) das películas é relativamente baixa durante a degradação testada. Todas as películas de PLLA perderam menos de 10% em peso da sua massa inicial após 64 dias, enquanto o teor de água aumentou 15% em peso.

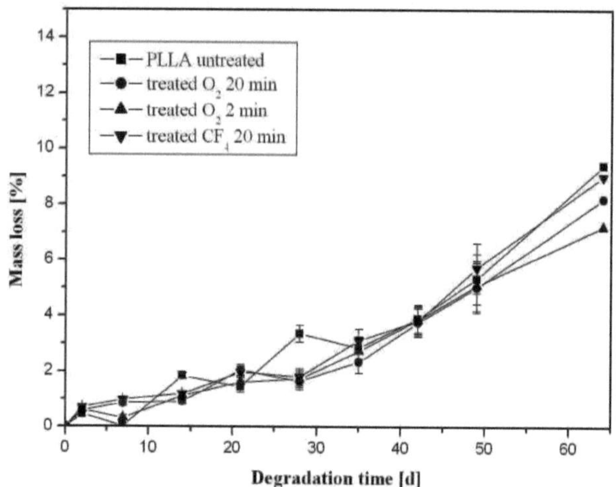

Figura 4.12: Perda de massa versus tempo de degradação para PLLA puro e filmes tratados degradados em 20 ml de PBS a 37°C.

4.4.3 Análise térmica

A fim de esclarecer o impacto da degradação da hidrólise nas propriedades da película, as análises DSC efectuadas em amostras recuperadas e ligeiramente secas mostraram a influência do tempo de degradação nas transições térmicas (Tg, Tcc e Tm), bem como nas entalpias de cristalização (AHc) e de fusão (AHm). Por uma questão de clareza, a influência do tempo em todos os parâmetros acima mencionados é discutida na Fig. 4.13-4.15 e os dados foram resumidos na Tab. 4.2-4.4. É de notar que cada dado apresentado nestas figuras representa o valor médio calculado a partir dos resultados obtidos para três amostras individuais de cada amostra. As medições DSC foram efectuadas num aparelho TA Instrument Q 200. Para evitar a degradação oxidativa, os recipientes de amostra e de referência foram purgados com azoto a um caudal constante de 50 ml-min-1. As amostras foram aquecidas de -25 a 220°C a uma velocidade de varrimento de 10°Cmin^{-1} , arrefecendo depois à mesma velocidade e, finalmente, aquecidas pela segunda vez. Foram utilizados na análise cerca de 7 mg de cada amostra. A presença de uma temperatura de transição vítrea (Tg) revela a presença de uma região amorfa, e a presença de uma temperatura de fusão (Tm) revela a presença de uma fase cristalina na amostra. A área sob o pico de fusão dá o calor de entalpia (AHm) de fusão por grama de amostra. Durante o processo de aquecimento, parte do polímero cristaliza, resultando num pico de cristalização a frio que dá o seu calor de entalpia ($AHcc$). A diferença entre a entalpia de fusão e a entalpia de cristalização a frio da DSC é utilizada como uma indicação do nível original de cristalinidade na amostra [20].

$$\chi_c\ [\%] = \frac{\Delta H_m - \Delta H_{cc}}{\Delta H_m^0} \cdot 100$$

onde AH_m^0 é a entalpia de calor de fusão para uma amostra 100% cristalina e para o PLLA é 93,6 J g^{-1} [21]. Os dados foram analisados utilizando o Universal Analysis 2000 fornecido com o instrumento.

Analisando os dados obtidos das curvas DSC durante o primeiro aquecimento (Tab. 4.2), verifica-se que os diferentes tratamentos não afectam as propriedades térmicas do material. A temperatura de fusão foi de cerca de 173°C no caso do PLLA puro e no caso do PLLA tratado com uma percentagem de cristalinidade de cerca de 50% para todos os sistemas. Após a degradação, a temperatura de transição vítrea (Tg) tornou-se mais difícil de ser observada no primeiro aquecimento. Durante a degradação hidrolítica, a Tm diminui de 173°C para

Tabela 4.2: Dados DSC do PLLA não tratado e tratado obtidos em diferentes tempos de degradação por curvas de primeiro aquecimento.

Time	DSC data	Neat PLLA	O_2 2 min	O_2 20 min	CF_4 20 min
0 d	T_g [°C]	49±9	45±1	48±5	46±4
	T_m [°C]	173±2	172.3±0.1	175±4	172±1
	ΔH_m [J/g]	47±6	40.4±0.2	46±5	43±4
	χ [%]	50±6	43.2±0.2	49±5	46±5
21 d	T_g [°C]	57±2	50±8	57±1	46±1
	T_m [°C]	166±2	166±1	167±1	164±2
	ΔH_m [J/g]	55±5	54±4	53±1	51±4
	χ [%]	59±5	57±4	57±1	55±4
49 d	T_g [°C]	59±3	60±2	57±1	-
	T_m [°C]	163±1	163.0±0.3	163±1	161.2±0.2
	ΔH_m [J/g]	58±2	59±1	59±3	56±2
	χ [%]	62±2	63±2	63±3	60±2

Tabela 4.3: Dados DSC do PLLA não tratado e tratado obtidos em diferentes tempos de degradação por curvas de arrefecimento.

Sample	0 d		21 d		49 d	
	T_c	ΔH_c	T_c	ΔH_c	T_c	ΔH_c
	[°C]	[J/g]	[°C]	[J/g]	[°C]	[J/g]
Neat PLLA	94.2±0.6	4.4±0.5	91±4	27±3	87±3	13±4
O_2 2 min	95±1	4.0±0.5	94±2	27 ±5	90±1	22±4
O_2 20 min	95±2	3.8±0.7	94.8±0.2	35 ±3	89±2	20±6
CF_4 20 min	95.5±0.5	4.6±0.5	91±2	31 ±4	88±3	18±5

163°C após 49 dias, enquanto a cristalinidade aumenta de 50% para 60%. Isto ocorre porque o processo de degradação do PLLA tem como consequência a formação de novos cristais, que podem ser fundidos com menor energia e temperatura [22]. Durante o arrefecimento (Tab. 4.3) a temperatura de cristalização muda de cerca de 94°C para 89°C, o que pode ser explicado pelo facto de a degradação da parte amorfa do PLLA promover a mobilidade das cadeias permitindo a cristalização a uma temperatura mais baixa [23].

O método de casting com solvente utilizado para obter os filmes permitiu uma cristalização completa, pelo que os termogramas não apresentam *Tcc* no primeiro aquecimento. No entanto, no segundo aquecimento, a entalpia de cristalização (*AHc*) ocorreu, devido ao facto de a taxa de arrefecimento ter sido suficientemente rápida, impedindo a cristalização completa [23].

Durante o segundo aquecimento há uma diminuição da temperatura de fusão e da temperatura de cristalização a frio de cerca de 15 graus. Durante o processo de degradação, o pico de fusão muda significativamente de forma (Fig. 4.13-4.15) com a presença de um ombro a uma temperatura mais baixa [24]. Este facto indica a coexistência de um cristal a-form e a'-form na folha de PLLA. De acordo com o estudo anterior [25], os cristais a-form transferidos para cristais a'-form fundem a temperaturas mais elevadas, enquanto os cristais a-form preexistentes fundem a temperaturas mais baixas. A cristalinidade aumentou até atingir um máximo por volta da segunda ou terceira semana de degradação, o que foi atribuído à diminuição da desordem da rede dos resíduos cristalinos de PLLA. Após este período, a diminuição de *xc* foi atribuída à diminuição do peso molecular dos resíduos cristalinos, o que aumentou o efeito da superfície com uma grande energia de superfície [26].

Uma vez que as amostras apresentaram uma pequena perda de peso (Fig. 4.12) após a hidrólise, esse aumento na cristalinidade não pode ser atribuído a uma diminuição do conteúdo relativo da fase amorfa. Este aumento tem de ser atribuído a uma cristalização efectiva que ocorre durante a hidrólise. Um possível mecanismo que permitiria essa cristalização implicaria tanto a diminuição do peso molecular do PLLA como uma plastificação do PLLA por moléculas de água e de tampão, bem como por oligómeros de ácido lático que dariam mobilidade suficiente às cadeias de polímero para se organizarem e cristalizarem mais [22]. É evidente que o comportamento térmico de uma película de PLLA tratada é bastante semelhante ao de uma película de PLLA não tratada. Em conclusão, as transições térmicas caraterísticas da matriz polimérica não foram afectadas pelos diferentes processos utilizados.

Time	DSC data	Neat PLLA	O_2 2 min	O_2 20 min	CF_4 20 min
0 d	T_g [°C]	51±5	56±2	58±3	46±1
	T_m [°C]	173±1	172±1	173±2	172±1
	ΔH_m [J/g]	44±1	45±1	44±4	45.9±0.5
	T_{cc} [°C]	104±1	103±1	104±2	102±1
	ΔH_{cc} [J/g]	26±1	28±3	26±1	28.0±0.3
	χ [%]	19±2	19±3	19±3	19±1
21 d	T_g [°C]	46±6	49±6	46±4	42±6
	T_m [°C]	163±4	165±3	166±1	165±2
	ΔH_m [J/g]	47±1	46±4	49±1	49±2
	T_{cc} [°C]	90±5	92±4	90±2	88±4
	ΔH_{cc} [J/g]	8±3	10±5	3±1	4±3
	χ [%]	59±5	39±6	49±1	48±3
49 d	T_g [°C]	45±2	45±3	45±3	48±6
	T_m [°C]	158±2	160±1	160.3±0.3	158±2
	ΔH_m [J/g]	43±5	45±3	45±1	44±2
	T_{cc} [°C]	91.0±0.6	90±2	91±3	91±3
	ΔH_{cc} [J/g]	21±4	13±4	15±4	16±3
	χ [%]	23±10	34±2	32±4	30±4

Tabela 4.4: Dados DSC do PLLA não tratado e tratado obtidos em diferentes tempos de degradação por curvas de segundo aquecimento.

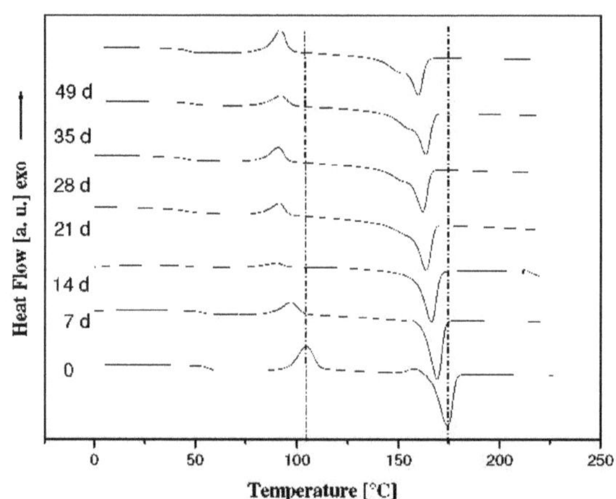

Figura 4.13: Curvas de segundo aquecimento DSC do PLLA não tratado em diferentes tempos de degradação.

4.4.4 Avaliação do pH do meio

A alteração do pH do meio de degradação foi medida por um medidor de pH Orion 420 e não foi detectada qualquer diminuição significativa do pH do meio (Fig. 4.16) durante as primeiras 10 semanas; a partir do valor inicial de 7,4, o pH começa a descer de forma detetável após 100 d e atinge cerca de 6,5. Como a perda de peso é mínima (Fig. 4.12), isto significa que o material não é dissolvido em solução e que o pH do meio não se altera.

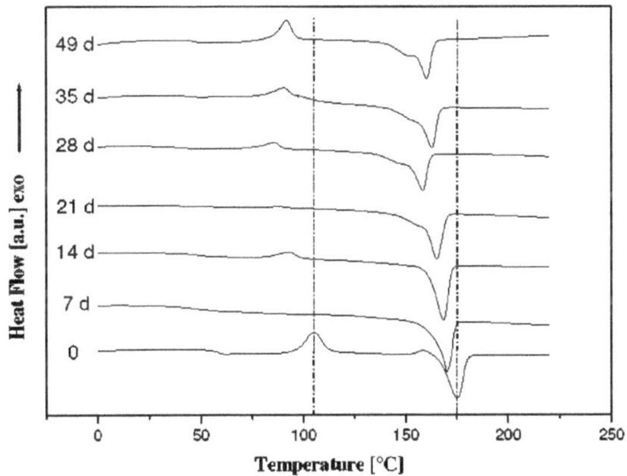

Figura 4.14: Curvas de segundo aquecimento DSC do PLLA tratado com plasma de oxigénio durante 20 min em diferentes tempos de degradação.

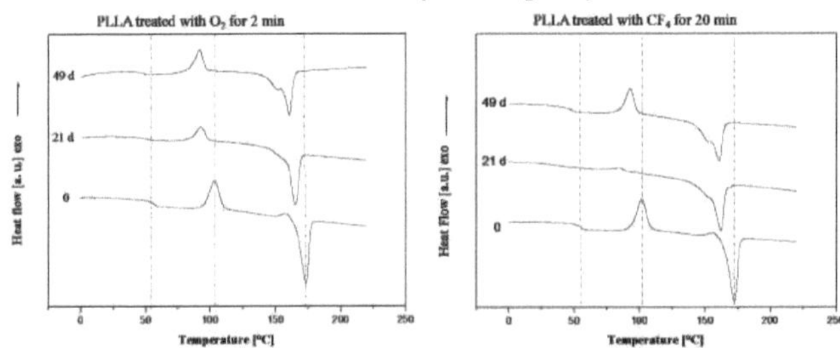

Figura 4.15: Curvas de segundo aquecimento DSC do PLLA tratado com plasma de oxigénio durante 2 min e com *CF4* em diferentes tempos de degradação.

4.5 Conclusões

Este estudo mostrou que as técnicas de produção podem afetar a morfologia da superfície das amostras, havendo diferenças entre películas finas e espessas. Os tratamentos com plasma de oxigénio e com *CF4* podem alterar as propriedades da superfície das películas de PLLA produzidas com a técnica de moldagem por solvente, mas estes tratamentos não envolvem alterações estruturais da película. Os resultados revelaram que o plasma **de O2** é mais agressivo do que o **CF4**. Os tratamentos com plasma não afectaram o comportamento do material durante o estudo de degradação hidrolítica realizado em solução salina a 37°C.

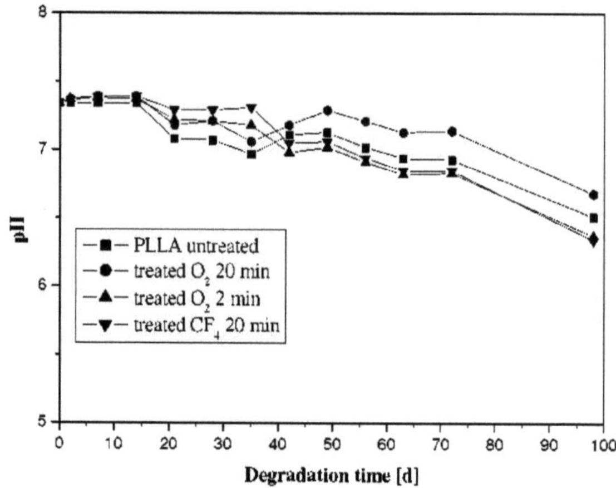

Figura 4.16: pH do meio de degradação.

Capítulo 5

QUÍMICO-TOPOGRÁFICO
MODIFICAÇÃO DE
NANOCOMPOSITES

5.1 Introdução

O ácido poliglicólico (PGA), o ácido poliláctico (PLA) e os seus copolímeros em bloco aleatórios de ácido poli(lático-co-glicólico) (PLGA) com várias proporções de lactídeo/glicolídeo são bons exemplos de poliésteres com propriedades adequadas para aplicações biomédicas e são utilizados principalmente em suturas degradáveis e absorvíveis, implantes, enxertos de pele artificial e sistemas de libertação de fármacos. O PLLA, o PDLA e o PLGA são polímeros versáteis e biodegradáveis, que foram aprovados pela Food and Drug Administration dos EUA. Estes polímeros biodegradáveis têm sido investigados como suportes para pele e cartilagem de engenharia de tecidos [1]. Embora estes materiais sintéticos tenham sido amplamente utilizados, a falta de compatibilidade com os tecidos e a resistência ao ambiente biológico são problemas que ainda persistem [2]. O tratamento com plasma é um método eficaz para modificar as propriedades da superfície de um material, tais como a molhabilidade, a topografia, os estados de carga da superfície e a biocompatibilidade, embora tenha pouco efeito sobre as propriedades do material a granel [3, 4]. O tratamento por plasma é também um método de modificação da superfície rápido, claro e sem solventes, que pode ser utilizado para introduzir um elemento específico ou um grupo funcional na superfície de um polímero apenas através da seleção e aplicação de um gás adequado. O plasma de gases não polimerizantes pode criar sítios reactivos, tais como grupos amina [5] e grupos de ácido sulfónico [6], na superfície dos polímeros. Os processos de plasma têm sido utilizados para aumentar a hidrofilicidade do polilactido e para melhorar a sua adesão celular [7]. Para além da hidrofilicidade e da química da superfície, a rugosidade da superfície também pode influenciar a disseminação e o crescimento das células. A afinidade celular dos biomateriais desempenha um papel importante na engenharia de tecidos, que está relacionada com as propriedades da superfície dos biomateriais, tais como a morfologia, a hidrofilicidade, a energia da superfície, a carga da superfície, a composição química, etc. [8, 9, 10]. A maioria dos polímeros biodegradáveis tem uma superfície hidrofóbica. As propriedades da superfície do polímero tornam-se críticas na interação polímero-molécula bioactiva (como as proteínas, as células ou as bactérias). A adesão celular está intimamente relacionada com as propriedades da superfície dos biomateriais. É comummente aceite que a adesão das células às superfícies poliméricas é influenciada por várias propriedades da superfície do polímero, tais como a molhabilidade, a carga superficial, a rugosidade e a topografia [11]. O PLGA é conhecido como um andaime de polímero sintético biodegradável com uma capacidade de absorção biológica [12]. Estes materiais têm uma propriedade hidrofóbica porque não existe um grupo funcional polar na cadeia lateral dos polímeros. Por conseguinte, é necessário melhorar a afinidade com as células através de um tratamento de superfície. Tal como acontece com outros materiais sintéticos, não existem sítios de reconhecimento natural na superfície do ácido poli-lático [13], e a hidrofobicidade e a energia superficial dos polímeros afectam a fixação e o crescimento das células no polímero. O tratamento com plasma gasoso é amplamente utilizado para a modificação química do PLGA. O plasma de gás não polimerizante, como o **CO2**, o *N2* e o **O2**, pode criar sítios reactivos. O processo de plasma tem sido utilizado para aumentar a hidrofilicidade destes materiais e para melhorar a sua adesão celular [14]. A rugosidade da superfície ativa diferentes tipos de células para responderem de diferentes formas [15]. O tratamento com plasma provoca alterações físicas e químicas, que incluem a reticulação do volume próximo da superfície, a degradação do polímero, a ablação (corrosão) e a formação de radicais livres [16]. Existem poucos relatórios sobre a morfologia da superfície do PLGA após o tratamento com plasma e o efeito da morfologia da superfície na adesão celular. Outros estudos mostraram que o aumento da adesão celular foi atribuído à alteração da química da superfície durante o tratamento com plasma e não a alterações nas estruturas da superfície, pelo que o interesse da investigação se centrou na forma como o tratamento com plasma afectou a estrutura da superfície da película de PLGA e se a química da superfície foi o fator dominante para a adesão celular na película de polímero tratada [4].

Sabe-se que a prata (Ag) tem um efeito desinfetante e tem encontrado aplicações em medicamentos tradicionais. Vários sais de prata e seus derivados são utilizados comercialmente como agentes antimicrobianos. As nanopartículas de prata têm suscitado um interesse considerável pela sua capacidade de libertar iões de prata de forma controlada, o que, por sua vez, conduz a uma poderosa atividade antibacteriana contra um grande número de bactérias [17]. Foi demonstrado que a utilização de materiais nanoestruturados de prata aumenta a capacidade inibitória, provavelmente porque os materiais nanoestruturados têm uma elevada área de superfície de contacto [18]. No entanto, a sua utilização tem sido limitada pelas dificuldades associadas ao manuseamento e processamento das nanopartículas. De facto, estas agregam-se facilmente devido à sua elevada energia livre de superfície e podem ser oxidadas ou contaminadas no ar. A incorporação de metais de dimensão nanométrica em matrizes poliméricas biodegradáveis representa uma solução válida para estes problemas de estabilização e permite um efeito antibacteriano controlado [19]. Além disso, baixas concentrações de nanopartículas de prata são capazes de induzir alterações morfológicas na superfície da matriz polimérica e afetar a molhabilidade e a rugosidade da superfície do nanocompósito, podendo todos estes aspectos influenciar o processo de adesão bacteriana na superfície do nanocompósito [22-24].

Figura 5.1: Imagem FESEM das nanopartículas de prata.

Para este estudo, foi utilizado um PLGA terminado em éter com um rácio de 50/50 (PLA/PGA) adquirido à Absorbable Polymers-Lactel (Durect Corporation, Reino Unido) e nanopó de prata comercial fornecido pela Cima NanoTech (sede da empresa em Saint Paul, MN, EUA) com uma distribuição do tamanho das partículas que varia entre 20 e 80 nm (Fig. 5.1).

5.2 Modificações químicas e topográficas das superfícies das películas

As películas de PLGA (Fig. 5.2) e de nanocompósitos de PLGA Ag (com 1% e 7% de nanopartículas de prata) foram produzidas pela técnica de moldagem por solvente em clorofórmio. A superfície superior das películas foi tratada por rf-PECVD sob fluxo de oxigénio (60 sccm). As películas foram colocadas na câmara de aço inoxidável e depois evacuadas durante 1 h até a pressão atingir 9-10-3 Torr. As condições de deposição foram a alimentação eléctrica de 30 W, a pressão de $6,5 \cdot 10^{-2}$ Torr e a tensão de polarização de 380 V. O tempo de tratamento variou de 10 a 30 min, com intervalos de 10 min.

5.3 Caracterização da superfície

A Fig. 5.3 mostra imagens FESEM e AFM das superfícies superiores do PLGA e do nanocompósito que têm uma estrutura anelar devido ao efeito de evaporação do solvente e que foram escolhidas para o tratamento [22]-[24].

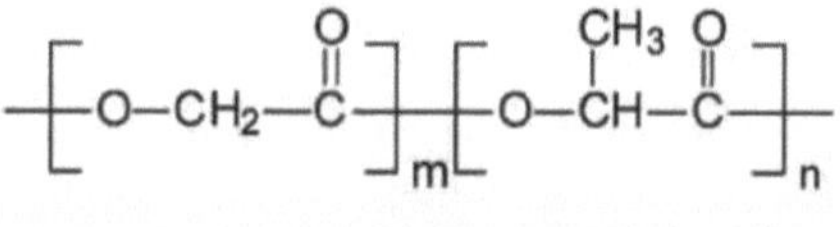

$$\left[O-CH_2-\overset{\overset{\displaystyle O}{\|}}{C} \right]_m \left[O-\overset{\overset{\displaystyle CH_3}{|}}{C}H-\overset{\overset{\displaystyle O}{\|}}{C} \right]_n$$

Figura 5.2: Estrutura de unidades repetidas de PLGA.

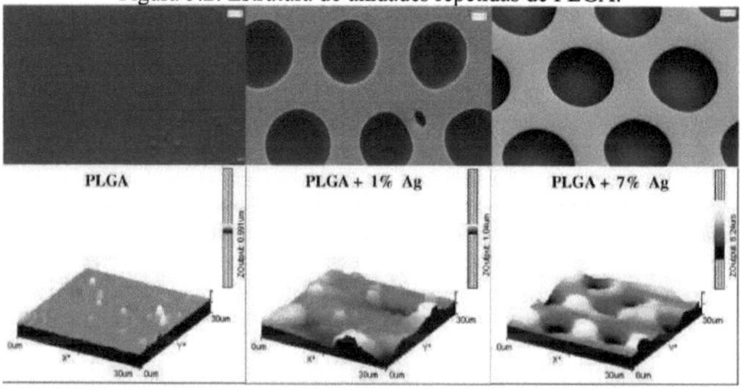

Figura 5.3: Imagens FESEM e AFM da superfície superior da película de PLGA, dos nanocompósitos de PLGA 1% Ag e PLGA 7% Ag (barra de escala FESEM 2^m, tamanho de varrimento AFM 30^m).

5.3.1 Caracterização morfológica
No caso das películas de PLGA puro, pode ver-se a partir das imagens tridimensionais de AFM (Fig. 5.4 A-D) que a superfície do PLGA de controlo, não tratado, era quase lisa à escala de 30 cm. O efeito do tratamento com plasma na superfície do polímero produziu um aumento da rugosidade. Ajustando o tempo de tratamento, é possível obter uma superfície de películas de PLGA com diferentes rugosidades, desde a escala nanométrica até à escala micrométrica [4]. Para um tempo de tratamento de 10 min, os valores da raiz quadrada média (Sq) (Tab. 5.1) na superfície de PLGA puro aumentam de 4-10-2 pm para 8-10-2 pm, mas a topografia não parece homogénea com este tempo de exposição. Após um tempo de tratamento de 20 ou 30 minutos, a superfície da amostra apresenta uma topografia de superfície semelhante à da nanocoluna com uma alteração morfológica homogénea. Os valores de rugosidade aumentam gradualmente até $1\text{-}10^{-1}$ pm no caso de uma exposição de 30 min.
No entanto, os nanocompósitos apresentaram um comportamento diferente após o tratamento com oxigénio, o que se deve à presença da estrutura superficial porosa em anel que caracterizou a superfície tratada com plasma (Fig. 5.4 E e I). O primeiro efeito na superfície de PLGA Ag, após um tempo de exposição de 10 minutos, é a alteração da forma e da profundidade dos poros, ao passo que a distância entre os orifícios se torna menor em relação ao controlo e o seu bordo desaparece (Fig. 5.4 F e L). Após um tempo de tratamento de 20 ou 30 minutos, a superfície do nanocompósito perde a sua morfologia porosa redonda inicial e apresenta a mesma topografia da película de PLGA caracterizada por uma topografia semelhante a uma nanocoluna com um aumento do valor da rugosidade Sq que aumenta de $1{,}6\text{-}10^{-1}$ pm para $3{,}5\text{-}10^{-1}$ pm para PLGA 1% Ag e de $1{,}1\text{-}10^{-1}$ pm para $3{,}6\text{-}10^{-1}$ pm para PLGA 7% Ag nanocompósito (Tab. 5.1). Além disso, a superfície tratada com plasma do nanocompósito apresenta mais
Tabela 5.1: Rugosidade da superfície das películas de PLGA e dos nanocompósitos de PLGA/Ag antes e depois

tratamento com plasma de oxigénio. $(Sq = \sqrt{\frac{1}{MN}\sum_{K=0}^{M}\frac{1}{}\sum_{l=0}^{n}\frac{1}{}(z(x_k;y_l))}$

Amostra	30 min	20 min	10 min	Não tratado
PLGA	$(1.1\pm0.1)40^{-1}$	$(9.1\pm3.0)T0^{-2}$	$(8.2\pm0.9)T0^{-2}$	$(3.9\pm2.7)T0^{-2}$
PLGA 1% Ag	$(3.5\pm0.4)T0^{-1}$	$(2.7\pm0.3)T0^{-1}$	$(6.5\pm1.0)*10^{-2}$	$(1.6\pm0.)\text{-}10^{-1}$
PLGA 7% Ag	$(3.6\pm0.2)T0^{-1}$	$(2.7\pm0.3)T0^{-1}$	$(2.1\pm0.04)T0^{-1}$	(1.0 ± 0.1)

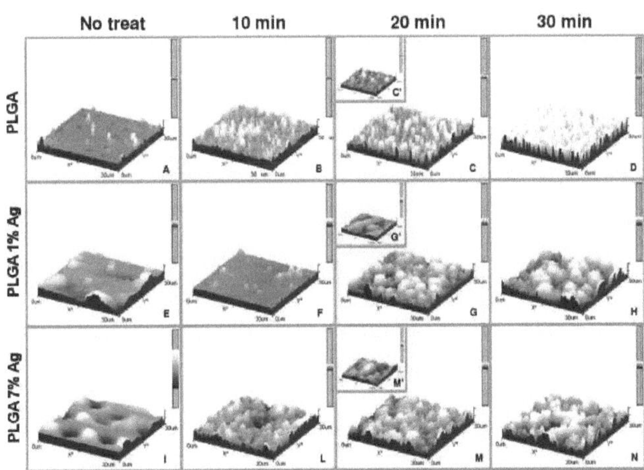

Figura 5.4: Imagens AFM da película de PLGA, dos nanocompósitos de PLGA 1% Ag e PLGA 7% Ag antes e depois do tratamento com plasma de oxigénio (tamanho de varrimento 30^m A-N e 10^m C', G'e M').
A rugosidade da superfície de PLGA pura é mais elevada do que a da superfície tratada com películas de

PLGA pura, devido à diferente morfologia inicial das amostras. Comparando os valores *de Sq*, ao mesmo tempo de exposição (10 min, 20 min ou 30 min) para os três materiais diferentes, é possível observar um aumento da rugosidade com o teor de prata que sublinha/confirma a influência das nanopartículas de prata nas propriedades superficiais do nanocompósito.

1.1.2   Caracterização da molhabilidade

O estudo da molhabilidade foi realizado através de medições do ângulo de contacto da água. Na Fig. 5.5 pode ver-se que a gota toma a forma final após alguns segundos para todos os tratamentos. As medições foram efectuadas após 10 segundos em que a gota atingiu a amostra, altura em que esta assume a sua forma final.

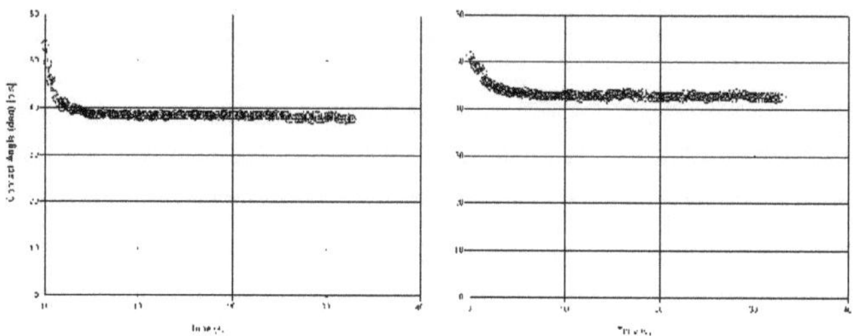

Figura 5.5: Tendência ao longo do tempo do ângulo de contacto com a água para PLGA Ag 1% tratado 10 min e 30 min, respetivamente, a 30 W.

Na Fig. 5.6 foram reportados todos os valores de ângulos de contacto medidos para os sistemas submetidos a tratamento por diferentes tempos e na Fig. 5.7 foram mostradas as imagens capturadas para realizar as medidas, foram reportados apenas os tempos de tratamento escolhidos para os ensaios biológicos. Pode-se observar que há um efeito da presença das nanopartículas de prata nas amostras não tratadas: O PLGA é hidrofóbico (75°) [28] mas aumentando a percentagem de nanopartículas de prata a superfície torna-se mais hidrofóbica (76° para a presença de 1% de prata e 92° para 7% de nanopartículas de prata). O tratamento com plasma de oxigénio aumenta a molhabilidade das amostras. No caso do PLGA puro, o maior efeito ocorre com o tratamento de 10 minutos, passando de 75° para o controlo para 40° e, em seguida, o ângulo de contacto aumenta com o tempo de tratamento (46° e 50° para 0 e 30 minutos de tempo de tratamento, respetivamente), tal como a rugosidade. No caso dos nanocompósitos, os valores do ângulo de contacto estão correlacionados com a morfologia da superfície e com o efeito do tratamento com plasma de oxigénio na porosidade e na rugosidade.

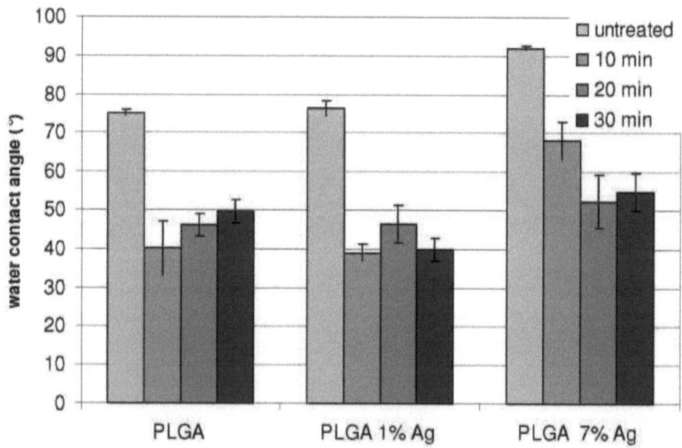

Figura 5.6 Medições do ângulo de contacto com a água das películas de PLGA e dos nanocompósitos de PLGA com Ag antes e depois dos tratamentos com plasma de oxigénio.

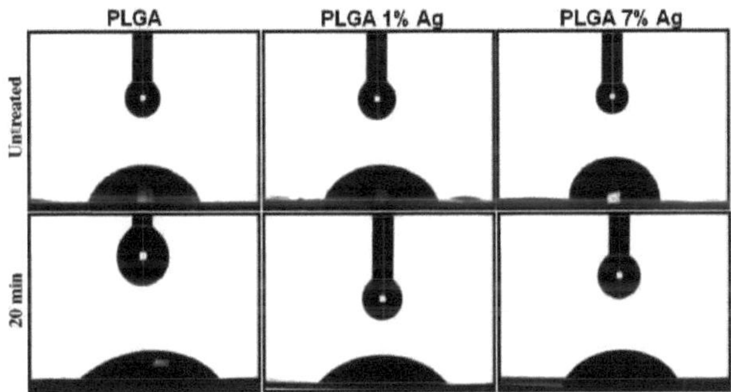

Figura 5.7 Imagens do ângulo de contacto com a água das películas de PLGA e dos nanocompósitos de PLGA e Ag antes e depois do tratamento com plasma de oxigénio durante 20 min.

5.3.   3Caracterização química

As medições de espetroscopia de fotoelectrões de raios X (XPS) foram realizadas em filmes de PLGA não tratados e tratados várias vezes e, no caso dos nanocompósitos de PLGA Ag, foi escolhido o tratamento sob um fluxo de oxigénio durante 20 minutos, a fim de investigar a forma como a ligação da exposição ao plasma à presença de nanopartículas de prata pode influenciar as propriedades morfológicas da amostra. As medições foram efectuadas por um espetrómetro Escalab 200R com um analisador hemisférico, operado num modo de energia de passagem constante e radiação de raios X Mg Ka não monocromatizada (hv = 1253,6 eV) a 10 mA e 12 kV. A XPS permite determinar a composição química elementar e média da película à sua superfície, a uma profundidade de 5-10 nm, medindo a energia de ligação dos electrões associados aos átomos. Processamento de dados

Tabela 5.2: Fração de grupos funcionais de carbono a partir de picos de XPS C1s de alta resolução de amostras de PLGA antes e depois do tratamento com plasma de oxigénio. * O pico foi deslocado para 287,9 eV.

Amostra	284,9 eV [%] -C-C ou -C-H-	286,9 eV [%] -C-O-	289,1 eV [%] C=O ou COOH	O/C
Bonito	22	40	38	0.565
Tratada 10 min	20	39	41	o.859
Tratada 20 min	25	34	41	0.742
Tratada 30 min	19	36	47	1.102
1% Ag 20 min	68	25	7	0.269
7% Ag 20 min	55	45*	0	0.938

foi efectuada com o programa "XPS peak". Os picos sobrepostos foram resolvidos pela rotina de ajuste dos mínimos quadrados utilizando uma função de produto Gauss/Lorentz após a subtração de um fundo Shirley. De acordo com os espectros XPS, foi calculada a razão atómica de C/O na superfície das películas de PLGA. Neste estudo, as medições XPS de alta resolução foram utilizadas para estudar as alterações químicas da superfície das películas de PLGA antes e depois dos tratamentos com plasma de oxigénio e para avaliar o efeito das nanopartículas de prata em amostras tratadas durante 20 minutos.

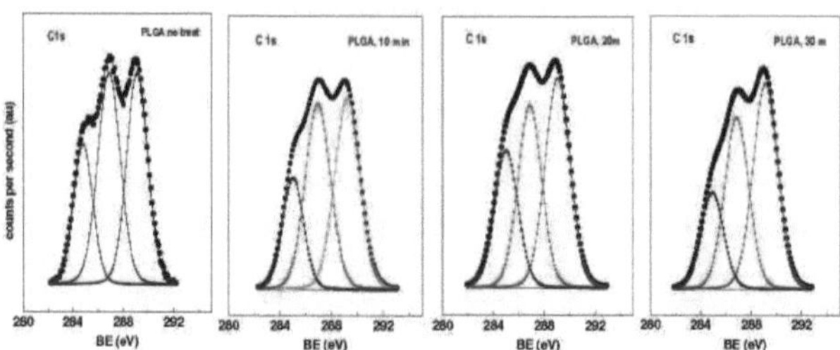

Figura 5.8 Espectros XPS de alta resolução da região C1s de películas de PLGA não tratadas e tratadas com plasma.

A região C1s das películas tratadas e não tratadas foi deconvoluída em três picos (Fig. 5.8). O primeiro pico (284,9eV) foi atribuído ao C1s das ligações de carbono alifáticas ou ligações de hidrogénio-carbono (-C-H, -C-C-). O segundo pico (286,9eV) foi atribuído ao C1s das ligações -C-O, e o terceiro pico (289,1eV) foi atribuído ao C1s das ligações éster (>C=O ou -COOH). No entanto, a composição relativa dos três tipos de C1s alterou-se com o tempo de tratamento com plasma de oxigénio (ver Tab. 5.2). A fração de >C=O ou -COOH aumentou de 38% para 45% com o tempo de tratamento de 0 a 30 min e não houve diferença entre 10 e 20 min. Enquanto a fração de -C-O- foi quase constante de 0 a 10 min (40% e 39% respetivamente), depois caiu para 34% aos 20 min e aumentou ligeiramente até 36% aos 30 min de tratamento. A fração de -C-H- ou -C-C- teve apenas uma alteração inversa da fração de -C-O-. Os resultados acima referidos podem ser explicados pelo facto de, após 10 minutos de tratamento, uma pequena parte das ligações -C-H- ou -C-C- ter sido oxidada a >C=O ou -COOH pelas espécies activas geradas, o que levou a um aumento da fração de >C=O ou -COOH e a uma diminuição das ligações -C-H- ou -C-C-. Com um tratamento prolongado, as ligações -C-H- e -C-O- existentes podem ser oxidadas continuamente e transformadas em ligações >C=O ou -COOH, enquanto as ligações -C-C- e -C-O- podem ser clivadas em novas ligações -C-H- ou -C-C-. A tendência do número de -C-O- pode ser atribuída às taxas de oxidação e clivagem de -C-O- relativamente à sua formação. Os resultados indicam que um valor máximo de grupos funcionais -C-O- ou >C=O ou -COOH pode ser obtido através do controlo do tempo de tratamento com plasma.

As fracções atómicas O/C foram calculadas a partir das razões das intensidades dos picos normalizadas pelos factores de sensibilidade atómica (Tab. 5.2) [25]. As razões atómicas O/C recolhidas na última coluna da Tab. 5.2 mostram um aumento progressivo com o tempo de tratamento. Assim, o valor da razão O/C para PLGA 30 min é quase o dobro do valor registado para a amostra de PLGA. No entanto, esta tendência é fortemente alterada para as duas amostras que contêm prata. Enquanto o valor da relação O/C é fortemente reduzido para cerca de metade na amostra de PLGA 1% Ag em relação à amostra original de PLGA, aumenta depois por um fator de cerca de quatro na amostra de PLGA 7% Ag.

A presença de prata não foi detectada no caso de PLGA 1% Ag, o que pode ser atribuído ao facto de a técnica de investigação ser superficial e as nanopartículas, presentes em baixa percentagem, estarem dispersas na matriz; enquanto a presença de prata foi detectada no caso de PLGA 7% Ag com a sua forma típica (Fig. 5.9) [26] e a energia de ligação do nível Ag3d5/2 na amostra de PLGA 7% Ag a 367,8 eV é caraterística do óxido de prata (**Ag2O**) [27]. A região C1s das películas tratadas durante 20 min (Fig. 5.9) mostra como a região mudou quando foram adicionadas nanopartículas de prata. Os três picos tornaram-se dois com o aumento da percentagem de prata.

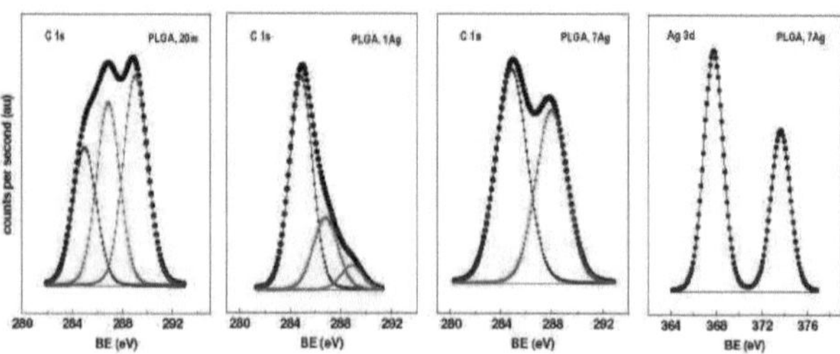

Figura 5.9Espectro XPS de alta resolução da região C1s das películas de PLGA e nanocompósitos tratadas com plasma durante 20 min e da região Ag3d.

5.3.4 Estudo de estabilidade
O estudo centrou-se na estabilidade do efeito do tratamento. As medições foram efectuadas imediatamente após o tratamento e 24 horas após a exposição ao plasma, armazenando a amostra à temperatura ambiente no ar. Para as películas de PLGA, o ângulo de contacto varia de 38,5° a 40° no caso de um tratamento de 10 minutos e de 28° a 45° no caso de um tratamento de 20 minutos [28]. A diferença entre 0 e 24 horas foi mais evidente no caso de um ângulo de contacto menor (20 minutos de tratamento). O mesmo comportamento foi demonstrado no caso dos nanocompósitos (de 30° para 46° no caso do PLGA 1% Ag tratado durante 20 min) (Fig. 5.10).

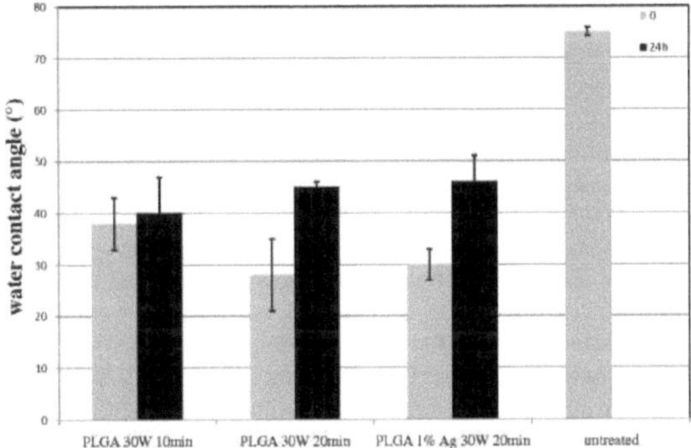

Figura 5.10: Medições do ângulo de contacto com a água a 0 e a 24 h para películas tratadas com PLGA e nanocompósitos tratados com PLGA 1% Ag.

Devido a estas alterações, as amostras foram mantidas na câmara sob o fluxo de oxigénio durante 10 minutos após o tratamento e, em seguida, foi medido o ângulo de contacto com a água. Verificou-se que o ângulo de contacto aumenta após a exposição ao fluxo e que não existe uma diferença evidente entre 0 e 24 horas (Fig. 5.11).

A medida era constante (47° e 47°) no caso de 20 min de tratamento (0 e 24 h) após a exposição ao fluxo de oxigénio, enquanto variava de 28° a 45° sem exposição ao fluxo (Fig. 5.10).

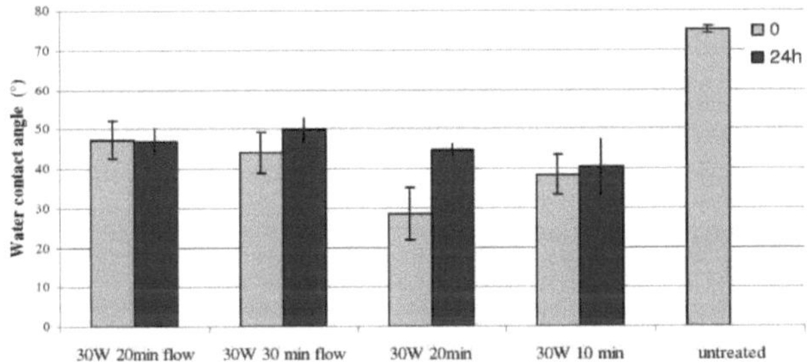

Figura 5.11: Medições do ângulo de contacto com a água às 0 e às 24 horas para películas de PLGA tratadas com e sem exposição ao fluxo de oxigénio após tratamentos com plasma e para películas de PLGA não tratadas.

Este efeito pode ser explicado através de imagens AFM (Fig. 5.12) que mostram que a morfologia da superfície mudou quando as amostras foram mantidas sob atmosfera controlada durante 10 minutos após o tratamento com plasma, a rugosidade das superfícies diminuiu drasticamente, o que pode ser devido à permeabilidade do PLGA.

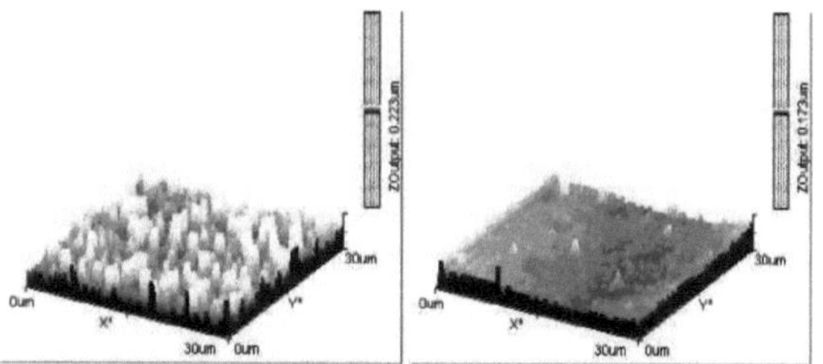

Figura 5.12: Imagens AFM de PLGA tratado com plasma de oxigénio durante 20 minutos, armazenado em condições laboratoriais e armazenado durante 10 minutos sob fluxo de oxigénio.

5.4 Propriedades antibacterianas

Os estudos das propriedades antibacterianas das películas foram efectuados nos laboratórios do departamento de bioquímica e do centro de engenharia de tecidos (CIT) da Universidade de Pavia. Para realizar o teste antibacteriano para avaliar o efeito das nanopartículas de prata e do tratamento com plasma de oxigénio, foram escolhidos PLGA e PLGA 7% Ag e o tratamento a 30 W de potência rf durante 20 min. Os microrganismos utilizados neste estudo foram *Escherichia coli RB* e *Staphylococcus aureus 8325-4*. *A E. coli RB* foi rotineiramente cultivada de um dia para o outro em LB e *o S. aureus 8325-4* em BHI em condições aeróbias a 37°C, utilizando uma incubadora com agitador. Estas culturas, utilizadas como fonte para as experiências, foram reduzidas a uma densidade final de $1\text{-}10^{10}$ células/ml, determinada pela comparação da **OD600** da amostra com uma curva padrão que relaciona a **OD600** com o número de células. A fim de estudar o efeito do tratamento com PLGA no comportamento bacteriano, foram avaliadas a adesão e a atividade antibacteriana.

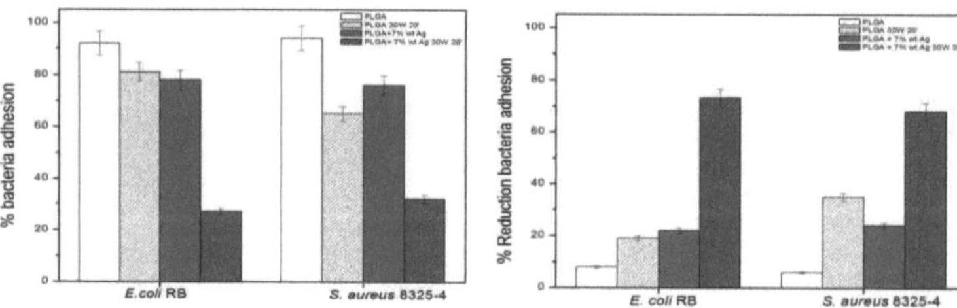

Figura 5.13: Adesão bacteriana a películas de PLGA. A adesão de células *E. coli* e *S. aureus* às películas de PLGA foi determinada como CFU/ml. Os dados são expressos como percentagem dos rácios entre as UFC de bactérias aderentes ao PLGA e as UFC de bactérias aderentes a microplacas de poliestireno estéreis de fundo plano com 24 poços. Os valores representados são as médias dos resultados de cada amostra efectuada em duplicado e repetida em três experiências separadas.

5.4.1 Adesão bacteriana

Para o ensaio de adesão, uma cultura nocturna de ambas as estirpes bacterianas foi centrifugada e ressuspendida em solução de Ringer [29]. Uma alíquota (200 ^l) de bactérias em solução de Ringer correspondente a 5-105 foi semeada em películas de PLGA estéreis colocadas no fundo de microplacas de 24 poços e incubadas durante 1 hora a 37 °C. Os poços utilizados como controlos foram incubados apenas com suspensão de células. Após a incubação, as películas de PLGA e os controlos foram lavados uma vez com solução de Ringer. As amostras foram cuidadosamente raspadas, submetidas a ultra-sons e depois agitadas em vórtex durante 20 segundos. As amostras foram diluídas em série, colocadas em placas de ágar LB *E.coli RB* e BHI *S. aureus*, respetivamente, e incubadas durante 24-48 h a 37°C. A adesão celular foi expressa como percentagem dos rácios de UFC de bactérias aderentes às películas de PLGA e de UFC de bactérias aderentes a microplacas de poliestireno estéreis de 24 poços de fundo plano.

Os resultados revelaram que a adesão de *E.coli* e *S.aureus* nas superfícies de nanocompósitos de PLGA 7Ag é fortemente reduzida, em comparação com a película de PLGA. O efeito do tratamento com plasma de oxigénio na adesão bacteriana é evidente no caso da superfície tratada com PLGA e PLGA 7Ag. Detectou-se uma redução da adesão bacteriana de 19% no caso da *E.coli* e de 35% para o *S.aureus* no PLGA tratado e estes valores atingem 73% e 68% para o nanocompósito PLGA 7Ag tratado, mostrando o efeito combinado do tratamento com oxigénio e das nanopartículas de prata no processo de adesão bacteriana. Este comportamento pode ser atribuído às propriedades da superfície (topografia e molhabilidade) e à composição química das amostras [21]. A adesão bacteriana é um processo muito complexo que é afetado por muitos factores, incluindo algumas caraterísticas da própria bactéria, a superfície do material alvo e os factores ambientais, tais como a presença de proteínas séricas ou substâncias bactericidas, a molhabilidade e a composição química da superfície. Os materiais hidrofílicos são mais resistentes à adesão bacteriana do que os materiais hidrofóbicos [30]. Assim, a redução evidente da adesão bacteriana que caracterizou o PLGA tratado com 7% de Ag pode ser atribuída ao aumento da rugosidade e da hidrofilicidade induzido pelo tratamento com oxigénio. Para investigar em profundidade a adesão de bactérias nas películas de PLGA e PLGA 7% Ag expostas durante 20 minutos a um fluxo de oxigénio, foram realizadas investigações morfológicas por SEM. A Fig. 5.14 mostra uma diminuição do número de bactérias aderentes nas superfícies tratadas em relação às superfícies pristinas e esta redução é mais evidente no caso do sistema tratado com PLGA 7% Ag, caracterizado pelo desaparecimento da estrutura superficial porosa em anel que caracterizava o PLGA 7% Ag antes do ataque químico e pelo aparecimento de vales e picos. Uma maior redução da adesão bacteriana

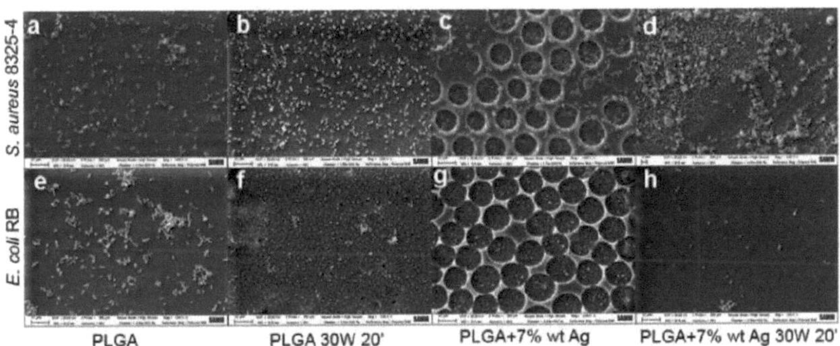

Figura 5.14: Imagens SEM de bactérias aderentes a películas de PLGA.

é revelada no caso da *E.coli* relativamente à *S.aurues*. Para uma dada superfície material, diferentes espécies e estirpes de bactérias aderem de forma diferente; isto pode ser explicado físico-quimicamente, ou seja, com a hidrofobicidade bacteriana e a carga superficial, porque as caraterísticas físico-químicas das bactérias são diferentes entre espécies e estirpes [21].

5.4.2 Atividade antibacteriana

Para examinar a atividade antimicrobiana de cada amostra de películas de PLGA, foram adicionados 200 pl (**5-103**) de uma suspensão diluída de um dia para o outro de células *E.coli RB* ou *S. aureus* e incubados durante 1, 3 e 24 horas, respetivamente [29]. Os poços utilizados como controlos foram incubados apenas com suspensão de células durante os tempos indicados. No final de cada período de incubação, a suspensão bacteriana foi então diluída em série e colocada em placas de ágar LB *E.coli RB* ou BHI *S. aureus*, respetivamente. As placas foram incubadas durante 24-48 h a 37°C. A sobrevivência celular foi expressa como o rácio entre as UFC de bactérias cultivadas em películas de PLGA e as UFC de bactérias cultivadas em microplacas de poliestireno estéreis de 24 poços de fundo plano. Para os estudos confocais, uma alíquota (200 pl) de uma suspensão diluída durante a noite de células *E.coli RB* ou *S. aureus* foi semeada em películas de PLGA estéreis colocadas no fundo de microplacas de 24 poços (Costar) e incubadas durante 24 h a 37°C. Após a incubação, para determinar a viabilidade das bactérias nas películas de PGA, foi utilizado um kit de viabilidade BacLight Live/Dead (Molecular Probes, Eugene, OR, EUA). O kit inclui dois corantes fluorescentes de ácidos nucleicos: SYTO9, que penetra tanto nas bactérias viáveis como nas não viáveis, e iodeto de propídio, que penetra nas bactérias com membranas danificadas e atenua a fluorescência do SYTO9. As células mortas, que absorvem o iodeto de propídio, fluorescem a vermelho, e as células que fluorescem a verde são consideradas viáveis. Para avaliar a viabilidade, 1 pl da solução de reserva de cada corante foi adicionado a 3 ml de PBS e, depois de misturados, 500 pl da solução foram dispensados em microplacas de 24 poços contendo suspensão bacteriana, cultivadas em materiais e incubadas a 22°C durante 15 min no escuro. As bactérias coradas foram examinadas num Leica CLSM (modelo TCS SPII; Leica, Heidelberg, Alemanha) com uma objetiva de imersão em óleo de 40x.

Os resultados indicam que o desempenho antibacteriano dos sistemas tratados com PLGA puro e PLGA 7% Ag é muito semelhante contra as duas estirpes de bactérias estudadas. Após 3 horas, foi detectada uma redução da viabilidade da *E.coli* de 65% e da *S.aureus* de 60% na presença de PLGA tratada, em comparação com 37% e 57%, respetivamente, para a PLGA pura, o que realça o efeito do tratamento com plasma de oxigénio na resposta biológica do material. Este efeito é confirmado e aumentado também após 24 horas de incubação e está fortemente ligado à presença de nanopartículas de prata a 7% em peso. Após 24 horas, de facto, o PLGA 7% Ag apresenta uma percentagem de viabilidade reduzida de 98% para ambas as estirpes de bactérias em relação aos 20% medidos para o sistema PLGA 7% Ag, sublinhando a eficiência da combinação do tratamento com prata e plasma nas propriedades antimicrobianas destes materiais. A Fig. 5.16 mostra imagens CLSM do crescimento de bactérias (*E.coli* e *S.aureus*) sobre

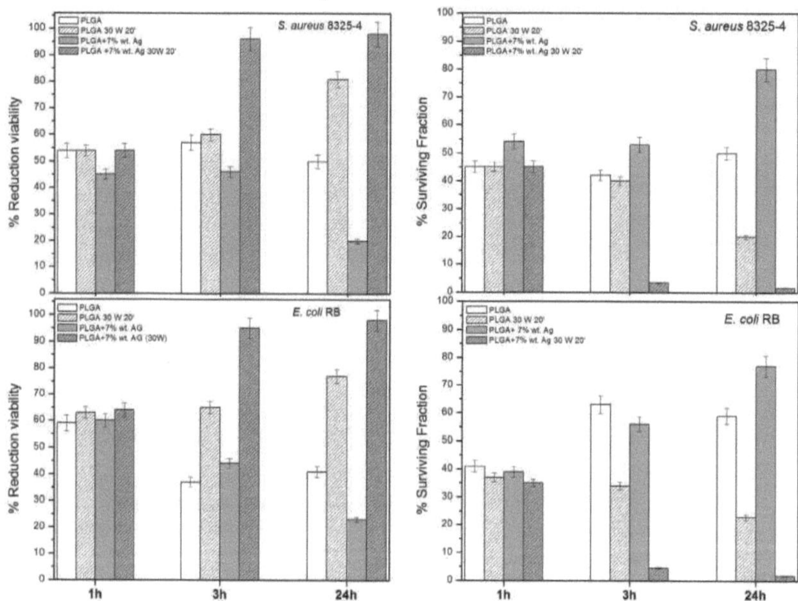

Figura 5 15 Atividade antibacteriana das películas de PLGA. As fracções sobreviventes de células de *E. coli* e *S. aureus* às películas de PLGA indicadas foram determinadas como CFU/ml. Os dados são expressos como percentagem dos rácios entre as UFC de bactérias cultivadas em películas de PLGA e as UFC de bactérias cultivadas em microplacas de poliestireno estéreis de 24 poços de fundo plano.

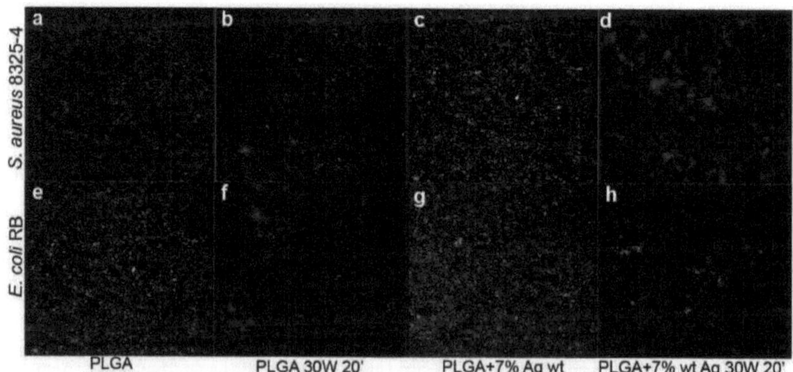

Figura 5 16 Imagens CLSM da atividade antibacteriana das películas de PLGA. diferentes sistemas confirmaram o efeito antimicrobiano dos sistemas tratados. Antes do tratamento com oxigénio, muitas células são consideradas viáveis (verde fluorescente) nas superfícies dos biomateriais, ao passo que, após um plasma de oxigénio durante 20 minutos, um grande número de células mortas (vermelho fluorescente) é evidenciado no

PLGA tratado e, mais claramente, nas superfícies tratadas com PLGA 7% Ag. Este efeito é parcialmente devido à rugosidade induzida pelo tratamento com oxigénio, que pode influenciar a atividade biológica [33], mas, em certa medida, pode também estar relacionado com o teor de nanopartículas de prata, cujo efeito pode ser ativado pelo tratamento com plasma [34].

5.4.   3Conclusões

A análise morfológica dos nanocompósitos de PLGA e PLGA mostrou que a presença de Ag altera as propriedades da superfície das amostras em termos de topografia e molhabilidade. As caraterísticas químicas e morfológicas dos nanocompósitos foram modificadas por tratamentos com plasma de oxigénio. Foi investigado o efeito combinado de nanopartículas de Ag e tratamentos de plasma de superfície nas propriedades antimicrobianas. As nanopartículas de Ag e a exposição ao plasma de oxigénio alteram as propriedades físico-químicas da superfície dos nanocompósitos de PLGA. Os resultados mostraram que o PLGA tratado com oxigénio melhora as propriedades antimicrobianas com uma redução evidente da adesão das bactérias e promove uma maior redução das bactérias em comparação com as amostras não tratadas.

CONCLUSÕES

Nesta tese, foi introduzida uma abordagem poderosa para a modificação da superfície. Foram utilizadas técnicas de plasma para depositar uma película fina de carbono amorfo e alterar a química dessa película, para conceber um padrão sobre o qual aderir e fazer crescer células estaminais humanas adultas diferenciadas, para modificar a morfologia e a química de polímeros biodegradáveis e nanocompósitos através do efeito de corrosão do plasma e de tratamentos. Todos estes aspectos foram também combinados para conceber superfícies de biomateriais que possam realizar uma ação específica como sinal para induzir a diferenciação de células estaminais ou para melhorar as propriedades antimicrobianas de um material. Os resultados do estudo demonstram que a modificação da superfície em termos de deposição de película fina e de alterações químico-morfológicas não induzem modificações nas propriedades dos materiais a granel. Mais detalhadamente foram modulados os parâmetros do processo de deposição de uma película de carbono amorfo uniforme e pattenrned de forma a identificar a melhor geometria para guiar o crescimento das células estaminais, os resultados mostraram que o layout para melhor alinhamento e alongamento celular é composto por canais paralelos, em seguida, é investigado que dimensões espaciais poderiam ser um sinal definitivo para induzir a diferenciação de células estaminais da medula óssea torres de células neurais, incluindo os propostos, um tamanho preciso foi mostrado para ser, por si só, um sinal capaz de induzir a diferenciação. Para compreender o papel da altura dos canais e a importância das diferentes etapas químicas, foram efectuadas experiências com diferentes alturas, alterando os parâmetros do processo em termos de gás precursor, potência aplicada e duração do tratamento. Os diferentes parâmetros permitiram obter uma série de etapas com alturas que vão desde alguns nanómetros até microns a jusante da etapa e montar com diferentes caraterísticas químicas da superfície. Para investigar apenas o papel da altura, foram combinados três efeitos no processo, antes do condicionamento e do tratamento e, em seguida, a deposição de uma película fina, a fim de obter uma superfície quimicamente homogénea, mas padronizada, observou-se que as propriedades mecânicas em massa permaneceram inalteradas, enquanto a superfície tinha melhorado. Também foram alteradas as propriedades da superfície de um polímero biodegradável para o tornar mais semelhante ao ambiente biológico e foi efectuado um estudo *in vitro* da degradação hidrolítica, a fim de monitorizar a forma como as alterações da superfície afectam o comportamento da degradação e os resultados mostraram que as técnicas de modificação da superfície adoptadas não interferem com os processos de degradação. Foi também estudado o papel combinado das nanopartículas de Ag e do tratamento de superfície por plasma na atividade antibacteriana do nanocompósito de PLGA e as observações dos resultados demonstraram claramente que o tratamento de superfície por plasma de oxigénio pode melhorar rapidamente as propriedades antimicrobianas da superfície do nanocompósito de PLGA/Ag.

No que se refere ao âmbito da medicina regenerativa, os desenvolvimentos naturais dos resultados obtidos são feitos a partir da extensão das técnicas de modificação da superfície utilizadas para estruturar sistemas poliméricos não biodegradáveis para biodegradáveis e na transição de estruturas bidimensionais para estruturas tridimensionais (scaffolds).

Bibliografia

Anderson JM et al. (1996) Biomaterialsan Introduction into Materials in Medicine, Academic Press, San Diego, 165.

Clark RAF, Henson PM. (1996) The Molecular and Cellular Biology of Wound Repair, segunda ed., Plenum Press, Nova Iorque.

Gallin JI, Snyderman R , Feraon DT, Haynes BF, Nathan C. (1999) Inflammation: Basic Principals and Clinical Correlates, terceira ed., Lippincott Williams and Williams, Philadelphia.

Kunz R, Anders C, Heinrich L, Gersonde K. (1999) Investigation into the mechanism of bacterial adhesion to hydrogel-coated surfaces. J. Mater. Sci. Mater. Med. 10:649.

Jenney CR, Anderson JM. (1999) Effects of surface-coupled polyethylene oxide in human macrophage adhesion and foreign body giant cell formation in vitro. J. Biomed. Mater. Res. 44:206.

Hern DL, Hubbell JA. (1998) Incorporação de peptídeos de adesão em hidrogéis não adesivos úteis para o resurfacing de tecidos. J. Biomed. Mater. Res. 39:266.

Xu Z, Marchant RE. (2000) Adsorção de proteínas plasmáticas em bicamadas lipídicas modificadas com óxido de polietileno estudada por fluorescência de reflexão interna total. Biomaterials 21:1075.

Yang ZH, Galloway JA, Yu HU. (1999) Interações de proteínas com monocamadas automontadas de poli(etilenoglicol) em substratos de vidro: difusão e adsorção. Langmuir 15:8405.

Kasemo B. (2002) Biological surface science. Ciência das superfícies 500:656.

Curtis AS, Varde M. (1964) Controlo do comportamento celular: factores topológicos. J Natl Cancer Inst 33:15.

Das GD, Lammert GL, McAllister JP. (1974) Contact guidance and migratory cells in the developing cerebellum. Brain Res 69:13.

Curtis A, Wilkinson C. (2001) Nanotechniques and approaches in biotechnology. Trends Biotech- nol 19:97.

Flemming RG, Murphy CJ, Abrams GA, Goodman SL, Nealey PF. (1999) Effects of synthetic micro and nano-structured surfaces on cell behavior. Biomaterials 20:573.

Robbie K, Brett MJ. (1997) Sculptured thin lms and glancing angle deposition: growth mechanics and applications. J Vac Sci Technol A 15:1460.

Phillips HM, Sauerbrey RA. (1993) Nanoestruturas em polímeros produzidas por excimer-laser. Opt Eng 32:2424.

McClelland JJ, Scholten RE, Palm EC, Celotta RJ. (1993) Laser focused atomic deposition. Science 262:877.

Xia Y, McClelland JJ, Gupta R et al. (1997) Replica molding using polymeric materials: a practical step towards nanomanufacturing. Adv Mater 9:147.

Chou SY, Krauss PR, Renstrom PJ. (1996) Imprint lithography with 25-nanometer resolution. Science 272:85.

Xia Y, Kim E, Whitesides GM. (1996) Impressão por microcontacto de alcanotióis em prata e sua aplicação em microfabricação. J Electrochem Soc 143:1070.

Giordano RA, Wu BM, Borland SW, Cima LG, Sachs EM, Cima MJ. (1996) Propriedades mecânicas de estruturas densas de ácido poliláctico fabricadas por impressão tridimensional. J Biomater Sci Polym Ed 8:63.

Wilkinson CDW. (1995) Nanostructures in biology. Engenharia Microeletrónica 27:61.

Dalby MJ, Gadegaard N, Riehle MO, Wilkinson CD, Curtis AS. (2004) Investigating filopodia sensing using arrays of defined nano-pits down to 35 nm diameter in size. Int J Biochem Cell Biol 36:2015.

Dalby MJ, Riehle MO, Johnstone HJ, Affrossman S, Curtis AS. (2002) Nanotopografia misturada com polímeros: controlo da propagação e proliferação de fibroblastos. Tissue Eng 8:1099.

Dalby MJ, Riehle MO, Yarwood SJ, Wilkinson CD, Curtis AS. (2003) Nucleus alignment and cell signaling in fibroblasts: response to a micro-grooved topography. Exp Cell Res 284:274.

Dalby MJ, Yarwood SJ, Riehle MO, Johnstone HJ, Affrossman S, Curtis AS. (2002) Increasing fibroblast response to materials using nanotopography: morphological and genetic measurements of cell response to 13-nm-high polymer demixed islands. Exp Cell Res 276:1.

Wojciak-Stothard B, Curtis AS, Monaghan W, McGrath M, Sommer I, Wilkinson CD. (1995) Papel do citoesqueleto na reação dos fibroblastos a substratos com múltiplas ranhuras. Cell Motil Cytoskeleton 31:147.

Britland S, Morgan H, Wojiak-Stodart B, Riehle M, Curtis A, Wilkinson C. (1996) Synergistic and hierarchical adhesive and topographic guidance of BHK cells. Exp Cell Res 228:313.

Corey JM, Feldman EL. (2003) Padronização de substratos: uma tecnologia emergente para o estudo do comportamento neuronal. Exp Neurol 184:S89.

Wojciak-Stothard B, Curtis A, Monaghan W, MacDonald K, Wilkinson C. (1996) Guidance and activation of murine macrophages by nanometric scale topography. Exp Cell Res 223:426.

Wojciak-Stothard B, Madeja Z, Korohoda W, Curtis A, Wilkinson C. (1995) Activation of macrophage-like cells by multiple grooved substrata. Controlo topográfico do comportamento celular. Cell Biol Int 19:485.

Andersson AS, Backhed F, von Euler A, Richter-Dahlfors A, Sutherland D, Kasemo B. (2003) Nanoscale features influence epithelial cell morphology and cytokine production. Biomaterials 24:3427.

Dalby MJ, Riehle MO, Johnstone H, Affrossman S, Curtis AS. (2002) Reação in vitro de células endoteliais à nanotopografia de polímeros desmisturados. Biomaterials 23:2945.

Miller DC, Thapa A, Haberstroh KM, Webster TJ. (2004) Endothelial and vascular smooth muscle cell function on poly(lactic-coglycolic acid) with nano-structured surface features. Biomaterials 25:53.

Thakar RG, Ho F, Huang NF, Liepmann D, Li S. (2003) Regulation of vascular smooth muscle cells by micropatterning. Biochem Biophys Res Commun 307:883.

Thapa A, Webster TJ, Haberstroh KM. (2003) Os polímeros com caraterísticas de superfície nanodimensionais melhoram a adesão das células musculares lisas da bexiga. J Biomed Mater Res 67:1374.

Curtis AS, Wilkinson CD. (1998) Reacções das células à topografia. J Biomater Sci Polym Ed 9:1313.

Abrams GA, Goodman SL, Nealey PF, Franco M, Murphy CJ. (2000) Nanoscale topography of the basement membrane underlying the corneal epithelium of the rhesus macaque. Cell Tissue Res 299:39.

Davies PF, Barbee KA, Volin MV, Robotewskyj A, Chen J, Joseph L et al. (1997) Spatial relationships in early signaling events of flowmediated endothelial mechanotransduction. Annu Rev Physiol 59:527.

Vitte J, Benoliel AM, Pierres A, Bongrand P. (2004) Existe uma relação previsível entre as propriedades físico-químicas da superfície e o comportamento das células na interface? Eur Cells Mater 7:52.

Yang J, Bei J, Wang S. (2002) Aumento da afinidade celular do poli (D, L-lactido) através da combinação de tratamento com plasma e ancoragem de colagénio. Biomaterials 23:2607.

Fan YW, Cui FZ, Hou SP, Xu QY, Chen LN, Lee IS. (2002) Cultura de células neurais em bolachas de silício com topografia de superfície à escala nanométrica. J Neurosci Meth 120:17.

Dalby MJ, Giannaras D, Riehle MO, Gadegaard N, Affrossman S, Curtis ASG. (2004) Rapid fibroblast adhesion to 27nm high polymer demixed nano-topography. Biomaterials 25:77.

Dalby MJ, Riehle MO, Johnstone H, Affrossman S, Curtis ASG. (2004) Investigating the limits of filopodial sensing: a brief report using SEM to image the interaction between 10 nm high nanotopography and fibroblast filopodia. Cell Biol Int 28:229.

Hamilton DW, Riehle MO, Monaghan W, Curtis AS. (2005) Número de passagem dos condrócitos articulares: influência na adesão, migração, organização do citoesqueleto e fenótipo em resposta à topografia nano e micrométrica. Cell Biol Int 29:408.

Yim EKF, Reano RM, Pang SW, Yee AF, Chen CS, Leong KW. (2005) Alterações induzidas por nanopadrões na morfologia e motilidade das células musculares lisas. Biomaterials 26:5405.

Crouch AS, Miller D, Luebke KJ, Hu W. (2009) Correlação dos comportamentos celulares anisotrópicos com o rácio de aspeto topográfico. Biomaterials 30:1560.

Martino S, D'Angelo F, Armentano I, Tiribuzi R, Pennacchi M, Dottori M, et al. (2009) A-C:H nanopatterned film designs drive human bone marrow mesenchymal stem cell cytoskeleton architecture. Tissue Eng Part A 15:3139.

Dalby MJ, Gadegaard N, Curtis AS, Oreffo RO. (2007) Nanotopographical control of human osteoprogenitor differentiation (Controlo nanotopográfico da diferenciação de osteoprogenitores humanos). Curr Stem Cell Res Ther 2:29.

Pham QP, Sharma U, Mikos AG. (2006) Electrospinning of polymeric nanofibers for tissue engineering applications: a review. Tissue Eng 12:1197.

Wan Y, Qu X, Lu J, Zhu C, Wan L, Yang J, et al. (2004) Caracterização das propriedades da superfície de poli(lactide-co-glycolide) após tratamento com plasma de oxigénio. Biomaterials 25:4777.

Ryu GH, Yang WS, Roh HW, Lee IS, Kim JK, Lee GH, et al. (2005) Plasma surface modification of poly (d, l-lactic-co-glycolic acid) (65/35) film for tissue engineering. Surf Coat Technol 193:60.

Favia P, d'Agostino R. (1998) Plasma treatments and plasma deposition of polymers for biomedical applications. Surf Coat Technol 98:1102.

Hsu SH, Chen WC. (2000) Melhoria da adesão celular por enxerto induzido por plasma de L-lactido na superfície de poliuretano. Biomaterials 21:359.

Hegemann D, Brunner H, Oehr C. (2003) Plasma treatment of polymers for surface and adhesion improvement. Nucl Instrum Methods Phys Res B Beam Interact Mater Atoms 208:281.

Zhu X, Chian KS, Chan-Park MBE, Lee ST. (2005) Efeito do tratamento com plasma de árgon na proliferação de fibroblastos derivados de pele humana em membranas de quitosano invitro. J Biomed Mater Res A 73:264.

Baker SC, Atkin N, Gunning PA, Granville N, Wilson K, Wilson D, et al. (2006) Characterization of electrospun polystyrene scaffolds for three-dimensional in vitro biological studies. Biomaterials 27:3136.

Park H, Lee KY, Lee SJ, Park KE, Park WH. (2007) Nanofibras de poli(ácido lático-co-glicólico) tratadas com plasma para engenharia de tecidos. Macromol Res 15:238.

Shen H,Hu X, Bei J,Wang S. (2008) A imobilização do fator de crescimento de fibroblastos básicos em poli(lactide-co-glycolide) tratado com plasma. Biomaterials 29:2388.

Qu X, Cui W, Yang F, Min C, Shen H, Bei J, et al. (2007) O efeito do pré-tratamento com plasma de oxigénio e da incubação em fluidos corporais simulados modificados na formação de apatite semelhante ao osso em poli(lactido-co-glicolida) (70/30). Biomateriais 28:9.

Baek HS, Park YH, Ki CS, Park JC, Rah DK. (2008) Respostas condrogénicas melhoradas de condrócitos articulares em suportes porosos de fibroína de seda tratados com plasma de árgon induzido por micro-ondas. Surf Coat Technol 202:5794.

He W, Yong T, Ma ZW, Inai R, Teo WE, Ramakrishna S. (2006) Malha de nanofibras de polímero biodegradável para manter as funções das células endoteliais. Tissue Eng 12:2457.

Hersel U, Dahmen C, Kessler H. (2003) RGD modified polymers: biomaterials for stimulated cell adhesion and beyond. Biomaterials 24:4385.

Zhang H, Hollister SJ. (2009) Comparação dos comportamentos das células estromais da medula óssea em poli(caprolactona) com ou sem modificação da superfície: estudos sobre a adesão, sobrevivência e proliferação das células. J Biomater Sci Polym Ed 20:1975.

Zhang H, Lin CY, Hollister SJ. (2009) A interação entre as células estromais da medula óssea e os suportes tridimensionais porosos de policaprolactona modificados com RGD. Biomaterials 30:4063.

Armentano I, Ciapetti G, Pennacchi M, Dottori M, Devescovi V, Granchi D, et al. (2009) Papel da modificação da superfície do plasma PLLA na interação com as células estromais da medula óssea humana. J App Polym Sci 114:360.

d'Agostino R. (1990) Plasma deposition. Tratamento e condicionamento de polímeros. Plasma-materials interaction. Academic Press, San Diego, Ca.

Manos DM, Flamm DL. (1989) Plasma etching: an introduction. Plasma-materials interaction. Academic Press, San Diego, Ca.

Manual de Instruções do Easy Scan AFM Nanosurf. infohost.nmt.edu

Angus JC, Hayman CC. (1988) Crescimento metastável e a baixa pressão do diamante e de fases "semelhantes ao diamante". Science 241:913.

Dresselhaus MS, Dresselhaus G, Eklund PC (1996) Science of fullerenes and carbon nanotubes. Academic Press, Londres.

Kelly BT (1981) Physics of graphite (Física da grafite). Applied science publishers.

Jacob W e Moller W. (1993) On the structure of thin hydrocarbon films. Appl. Phys Lett. 63:1771.

Narayab R. (2005) Nanostructured diamondlike carbon thin films for medical applications, Materials Science and Engineering C 25:405.

Koidl P, Wild C, Discheler B, Wagner J, Ramsteiner M. (1990) Plasma deposition, properties and structure of amorphous hydrogenated carbon films. Fórum de Ciência dos Materiais 52-53:41.

Tamor MA, Vassel WC, Carduner KL. (1991) Restrição atómica no carbono hidrogenado tipo diamante. Applied Physics Letters 48:592.

Zou JW, Schmidt K, Reichelt K, Dischler B. (1990) The properties of a-C:H films deposited by plasma decomposition of **C2H2**. Journal of Applied Physics 67:487.

Zou JW, Reichelt K, Schmidt K, e Dischler B. (1998) The deposition and study of hard carbon films. Jornal de Física Aplicada 65:3914.

Robertson J. (2002) Diamond-like amorphous carbon. Ciência e Engenharia de Materiais R 37:129.

Dearnaley G. (1993) Diamond-like carbon: a potential means of reducing wear in total joint replacements. Clinical Materials 12:237.

Ma WJ, Ruys AJ, Mason RS, Martin PJ, Bendavid A, Liu Z, Ionescu M, Zreiqat H. (2007) Revestimentos DLC: Efeitos das propriedades físicas e químicas na resposta biológica. Biomaterials 28:1620.

Ball M, O'Brien A, Dolan F, Abbas G, McLaughlin JA. (2004) Macrophage responses to vascular stent coatings. J Biomed Mater Res 70A:380.

Popov C, Vasilchina H, Kulisch W, Danneil F, Stber M, Ulrich S et al. (2009) Wettability and protein adsorption on ultrananocrystalline diamond/amorphous carbon composite films. Diamond and Related Materials 18:895.

Thomson LA, Law FC, Rushton N, Franks J (1991) Biocompatibilidade do revestimento de carbono tipo diamante. Biomaterials 12:37.

Dearnaley G e Arps JH. (2005) Aplicações biomédicas de revestimentos de carbono tipo diamante (DLC): A review. Surface and coatings technology 200:2518.

Hauert R. (2003) Uma revisão dos revestimentos DLC modificados para aplicações biológicas. Diamond and Related Materials 12:583.

Ignatius MJ, Sawhney N, Gupta A, Thibadeau BM, Monteiro OR, Brown IG (1998) J. Biomed. Mater. Res. 40:264.

D'Angelo F, Armentano I, Mattioli S, Crispoltoni L, Tiribuzi R, Cerulli GG et al . (2010) Micropatterned hydrogenated amorphous carbon guides mesenchymal stem cell towards neuronal differentiation. European cells and materials 20:231.

Kumar, Ritwik, R., Kwang-Ryeol, L. (2007) Biomedical applications of diamond-like carbon coatings: a review. J Biomed Mater Res B Appl Biomat 83:72.

Firkins P, Hailey JL, Fisher J, Lettington AH, Butter R. (1998) Wear of ultra-high molecular weight polyethylene against damaged and undamaged stainless steel and diamond-like carbon-coated counterfaces. J Mater Sci Mater Med 9:597.

Harrison RG. (1911) On the stereotropism of embyonic cells. Ciência 34:279.

Flemming RG, Murphy CJ, Abrams GA, Goodman SL, Nealey PF. (1999) Effects of synthetic micro and nano-structured surfaces on cell behavior. Biomaterials 20:573.

Pennacchi M, Armentano I, Zeppetelli S, Lanzaro L, Kenny JM, Netti P. (2004) Effects of material surface nanopatterning on cell morphology and orientation. In: Advances in Micro and Nanoengineering. Editura Academiei Romane, Bucareste, Roménia, pp. 9-22.

Ristein J, Stief RT, Ley L, Beyer W. (1998) A comparative analysis of a-C:H by infrared spectroscopy and mass selected thermal diffusion. Journal of Applied physics 84:3836.

Owens DK, Wendt RC. (1969) Estimation of the surface free energy of polymers Journal of applied polymer science 8:1741.

Martino S, Cavalieri C, Emiliani C, Dolcetta D, Cusella De Angelis MG, Chigorno V et al. (2002) Restabelecimento do metabolismo dos gangliosídeos GM2 em células mesenquimatosas derivadas da medula óssea do modelo animal da doença de Tay-Sachs. Neurochem Res 27:793.

Bianco P, Riminucci M, Gronthos S, Robey PG. (2001). Bone marrow mesenchymal stem cells: nature, biology, and potential applications. Stem Cells 19:180.

Vasilchina H, Popov C, Ulrich S, Ye J, Danneil F, Stber M et al. (2009) Wetting behaviour and protein adsorption tests on ultrananocrystalline diamond and amorphous hydrogenated carbon thin films. Materiais nanoestruturados para aplicações tecnológicas avançadas Parte 4 501.

Yang P, Huang N, Leng YX, Chen JY, Fu RK, Kwok SC et al. (2003) Ativação de plaquetas aderentes a películas de carbono hidrogenado amorfo (a-C:H) sintetizadas por imersão em plasma de implantação iónica (PIII-D). Biomaterials 24:2821.

Bradford MM. (1976) Um método rápido e sensível para a quantificação de quantidades de microgramas de proteínas utilizando o princípio da ligação proteína-corante. Anal Biochem 7:248.

Diener A, Nebe B, Luthen F, Becker P, Beck U, Neumann HG et al. (2005) Control of focal adhesion dynamics by material surface characteristics. Biomaterials 26:383.

Keselowsky B, Garcia A. (2005) Quantitative methods for analysis of integrin binding and focal adhesion formation on biomaterial surfaces. Biomaterials 26:413.

Curtis AS. (2004) Small is beautiful but smaller is the aim: review of a life of research. Eur Cell Mater 8:27.

Yim EKF, Reano RM, Pang SW, Yee AF, Chen CS, Leong KW. (2005) Nanopattern-induced changes in morphology and motility of smooth muscle cells (Alterações induzidas por nanopadrões na morfologia e motilidade das células musculares lisas). Biomaterials 26:5405.

Pittenger MF, Mackay AM, Beck SC, Jaiswal RK, Douglas R, Mosca JD et al. (1999). Multilineage potential of adult human mesenchymal stem cells. Science 284:143.

Horne MK, Nisbet DR, Forsythe JS, Parish C. (2010) Scaffolds nanofibrosos tridimensionais que incorporam BDNF imobilizado promovem a proliferação e diferenciação de células estaminais neurais corticais. Stem Cells Dev 19:843.

Prabhakaran MP, Venugopal JR, Ramakrishna S. (2009) Diferenciação de células estaminais mesenquimais em células neuronais em substratos nanofibrosos electrospun para engenharia de tecidos nervosos. Biomaterials 30:4996.

Cappelletti G, Maggioni MG, Tedeschi G, Macia R. (2003) A nitração da proteína tirosina é desencadeada pelo fator de crescimento do nervo durante a diferenciação neuronal das células PC12. Exp Cell Res 288:9.

Cheng A, Wang S, Cai J, Rao MS, Mattson MP. (2003) O óxido nítrico actua num ciclo de feedback positivo com o BDNF para regular a proliferação e diferenciação de células progenitoras neurais no cérebro dos mamíferos. Dev Biol 258:319.

Li J, McNally H, Shi R. (2008) Alinhamento melhorado das neurites em películas de ácido poli-L-lático com micro-padronização. J Biomed Mater Res A. 87:392.

Martino S, D'Angelo F, Armentano I, Tiribuzi R, Pennacchi M, Dottori M, et al. (2009) Os desenhos de películas nanopadronizadas de carbono amorfo hidrogenado impulsionam a arquitetura do citoesqueleto das células estaminais mesenquimais da medula óssea humana. Tissue Eng Part A 15:3139.

Weiss P. (1934) J. Exp. Zool. 69:393.

Underwood PA, Steele JG, Dalton BA. (1993) Efeitos da química da superfície do poliestireno na atividade biológica da fibronectina e vitronectina em fase sólida analisada com anticorpos monoclonais. J Cell Sci 104:793.

Curtis AS. (2004) Small is beautiful but smaller is the aim: review of a life of research. Eur Cell Mater 8:27.

D'Angelo F, Armentano I, Mattioli S, Crispoltoni L, Tiribuzi R, Cerulli GG et al. (2010) As películas nanopadronizadas com ranhuras de carbono amorfo hidrogenado guiam a diferenciação neural das células estaminais mesenquimais da medula óssea humana. European Cells and Materials 20:231.

Martino S, D'Angelo F, Armentano I, Tiribuzi R, Pennacchi M, Dottori M et al. (2009) As películas de carbono amorfo hidrogenado com nanopadrões conduzem a arquitetura do citoesqueleto das células estaminais mesenquimais da medula óssea humana. Tissue Eng Part A 15:3139.

Clark P, Connolly P, Curtis ASG, Dow JAT, Wilkinson CDW. (1987) Topographical control of cell behavior: I. Simple step cues. Desenvolvimento 99:439.

Dalby MJ, Gadegaard N, Curtis AS, Oreffo RO. (2007) Nanotopographical control of human osteoprogenitor ifferentiation (Controlo nanotopográfico da diferenciação de osteoprogenitores humanos). Curr Stem Cell Res Ther 2:129.

Dalby MJ, Gadegaard N, Tare R, Andar A, Riehle MO, Herzyk P et al. (2007) O controlo da diferenciação de células mesenquimatosas humanas utilizando simetria e desordem à nanoescala. Nat Mater 6:997.

Zhu B, Zhang Q, Lu Q, Xu Y, Yin J, Hu J et al. (2004) Nanotopographical guidance of C6 glioma cell alignment and oriented growth. Biomaterials 25:4215.

Kondyurin A, Gan BK, Bilek MMM, Mizuno K, McKenzie DR. (2006) Etching and structural changes of polystyrene films during plasma immersion ion implantation from argon plasma. Nuclear Instruments and Methods in Physics Research B 251:413.

Zhao Y, Tang S, Myung SW, Lu N, Choi HS. (2006) Efeito da lavagem na energia livre de superfície da placa de poliestireno tratada por plasma de pressão atmosférica FR. Polymer testing 25:327.

Owens DK, Wendt RC. (1969) Estimation of the surface free energy of polymers Journal of applied polymer science 8:1741.

Schakenraad JM, Busscher HJ, Wildevuur CRH, Arends J. (1986) The influence of substratum surface free energy on growth and spreading of human fibroblasts in the presence and absence of serum proteins. J Biomed Mater Res 20:773.

Oliver WC, Pharr GM. (1992) An improved technique for determining hardness and elastic modulus using load and displacement sensing indentation experiments. Journal material research 7:1564.

Du B, Tsui OKC, Zhang Q, He T. (2001) Estudo do módulo de elasticidade e da resistência ao escoamento de películas finas de polímeros utilizando microscopia de força atómica. Langmuir 17:3286.

Alderighi M, Ierardi V, Fuso F, Allegrini M, Solaro R. (2009) Efeitos de tamanho na nanoindentação de superfícies duras e macias. Nanotecnologia 20:235703.

Armentano I, Dottori M, Fortunati E, Mattioli S, Kenny JM. (2010) Nanocompósitos de matriz polimérica biodegradável para engenharia de tecidos: A review. Polymer degradation and stability 95:2126.

Griffith LG. (2000) Polymeric biomaterials. Ata materialia 48:263.

Grizzi I, Garreau H, Li S, Vert M. (1995) Degradação hidrolítica de dispositivos à base de ácido poli(DL-lático) em função do tamanho. Biomaterials 16:305.

Hakkarainen M. (2001) Aliphatic polyesters: abiotic and biotic degradation and degradation products. Adv Polym Sci 157:113.

Li S, Vert M. (1995) Biodegradação de poliésteres alifáticos. In: Scott G, Gilead D editores. Degradable polymers: principles and applications. London: Chapman & Hall p. 43.

Vert M, Schwach G, Coudane J. (1995) Present and future of PLA polymer. J Mater Sci e Pure Appl Chem A 32:787.

Uemura Y, Maetsuru YS, Fujita T, Yoshida M, Hatate Y, Yamada K. (2006) Korean J Chem Eng 23:144.

Kunioka M, Ninomiya F, Funabashi M. (2006) Biodegradação de pós de poli(ácido lático) propostos como materiais de teste de referência para a norma internacional de métodos de avaliação da biodegradação. Polym Degrad Stab. 91:1919.

Kim SM, Park C, Im SS. (2002) J Korean Fiber Soc. 39:396.

Ogawa T, Osawa S. (2002) Jpn Kokai Tokkyo Koho JP 2002256088 CAN 137, 217949.

Hirotsu T, Tsujisaka T, Masuda T, Nakayama K. (2000) Plasma surface treatments and biodegradation of poly(butylene succinate) sheets. J Appl Polym Sci. 78:1121.

Toshihiro H, Kazuo N, Chie T, Toichi W. (2004) Tratamentos de superfície por plasma de folhas de mistura uniaxial extrudidas por fusão de PLLA/PBS. J Photopolym Sci Technol. 17:179.

Hirotsu T, Nakayama K, Tsujisaka T, Mas A, Schue' F. (2002) Plasma surface treatments of melt- extruded sheets of poly(L-lactic acid). Polym Eng Sci. 42:299.

Armentano I, Ciapetti G, Pennacchi M, Dottori M, Devescovi V, Granchi D et al. (2009) Role of PLLA Plasma Surface Modification in the Interaction with Human Marrow Stromal Cells. Journal of Applied Polymer Science 114:3602.

Kogoma M, Kasai H, Takahashi K, Moriwaki T, Okazaki S. (1987) Wettability control of a plastic surface by *CF4-O2* plasma and its etching effect. J. Phys. D: Applied Physics. 20:147.

Buschle-Diller G, Cooper J, Xie Z, Wu Y, Waldrup J, Ren X. (2007) Libertação de antibióticos de fibras bicomponentes electrospun. Cellulose 14:553.

Latterini L, Blossey R, Hofkens J, Vanoppen P, De Schryver FC, Rowan AE et al. (1999) Ring Formation in Evaporating Porphyrin Derivative Solutions. Langmuir 15:3582.

Okubo T, Kanayama S, Ogawa H, Hibino M, Kimura K. (2004) Estruturas dissipativas formadas no decurso da secagem de uma solução aquosa de poli(cloridrato de alilamina) num vidro de cobertura. Colloid. Polym. Sci. 282:230.

Vey W, Roger C, Meehan L, Booth J, Claybourn M, Miller AF, Saiani A. (2008) Mecanismo de degradação de películas fundidas de copolímero em bloco de ácido poli(*lático-co-glicólico*) em solução de tampão fosfato.Polymer Degradation and Stability 93:1869.

Lee TH, Boey FYC, Khor KA. (1995) Sobre a determinação da cristalinidade do polímero para um composto termoplástico de PPS por análise térmica. Composites Science and Technology 53:25974.

O'Connor A, Riga A, Turner JF. (2004) Determinação de gradientes de conteúdo cristalino em películas de ácido poli-L-lático estiradas a frio por DSC. Jornal de análise térmica e calorimetria 76:455.

Ferreira BMP, Zavaglia CAC, Duek EAR. (2001) Filmes de Misturas de Poli (L - Ácido Láctico) / Poli (Hidroxibutirato-co-Hidroxivalerato): Degradação in vitro. Materials Research 4:34.

Duek, EAR, Zavaglia CAC, Belangero WD. (1999) Estudo in vitro da degradação de pinos de poli(ácido lático). Polímero 40:6465.

Tsai CC, Wu RJ, Cheng HY, Li SC, Siao YY, Kong DC et al. (2010) Cristalinidade e estabilidade dimensional de filmes de poli(ácido lático) orientados biaxialmente. Polymer Degradation and Stability 95:1292.

Pan P, Kai W, Zhu B, Dong T, Inoue Y. (2007) Cristalização polimorfa e comportamento de fusão múltipla do poli(L-lactídeo): dependência do peso molecular. Macromolecules 40:6898.

Tsuji H, Ikarashi K. (2004) Hidrólise in vitro de resíduos cristalinos de poli(l-lactida) como cristalitos de cadeia alargada. Parte I: hidrólise a longo prazo em solução tamponada com fosfato a 37°C. Biomateriais 25:5449.

Holy CE, Cheng C, Davies JE, Shoichet MS. (2001) Otimização da esterilização de estruturas de PLGA para utilização na engenharia de tecidos. Biomaterials 22:25.

Cai K, Yao K, Cui Y, Yang Z, Li X, Xie H et al. (2002) Influência de diferentes tratamentos de modificação da superfície do ácido poli(d,l-lático) com fibroína de seda e seus efeitos na cultura de osteoblastos in vitro. Biomaterials 23:1603.

Favia P, D'agostino R. (1998) Plasma treatments and plasma deposition of polymers for biomedical applications. Surf Coat Technol 98:1102.

Wan YQ, Qu X, Lu J, Zhu CF, Wan LJ, Yang JL, et al. (2004) Caracterização das propriedades da superfície de poli(lactide-co-glycolide) após tratamento com plasma de oxigénio. Biomaterials 25:4777.

Hollahan JR, StaffordBB, Falb RD, Payne ST. (1969) Attachment of amino groups to polymers surfaces by radiofrequency plasmas. J Appl Polym Sci 13:807.

Inagaki N, Tasaka S, Miyazaki H. (1989) Películas finas de ácido sulfónico com grupo de ligação preparadas por polimerização por plasma. J Appl Polym Sci 38:1829.

Yang J, Bei JZ, Wang SG. (2002) Melhoria da afinidade celular da película de poli(d,l-lactida) modificada por tratamento com plasma de amoníaco anidro. Polym Adv Technol 13:220.

Khorasani MT, Mirzadeh H, Sammes PG. (1999) Modificação da superfície de polímeros por laser para melhorar a biocompatibilidade: PDMS enxertado com HEMA, ensaio in vitro III. Radiat. Phys. Chem. 55:685.

Soria JM, Ramos CM, Sunchez MS, Benavent V, Fernandez AC, Ribelles JLG et al. (2006)Sobrevivência e diferenciação de explantes neurais embrionários em diferentes biomateriais. J. Biomed. Mater. Res. 79A:495.

Lu L, Peter SJ, Lyman MD, Lai HL, Leite SM, Tamada JA et al. (2000) In vivo degradation of polylactic acid foam. Biomaterials 21:1595.

Wan Y, Yang J, Yang J, Bei J, Wang S. (2003) Cell adhesion on gaseous plasma modified poly(L- lactide) surface under shear stress field. Biomaterials 24:3757.

Tsuji H, Miyauchi S. (2001) Hidrólise enzimática de poli(lactídeos): efeito do peso molecular do conteúdo de L-lactídeo e mistura de polímeros enantioméricos e diastereoisoméricos. Biomacromolecules 2:597.

Barrera DA, Zylstra E, Lansbury PT, et al. (1993) Síntese e modificação do péptido RGD de um novo copolímero biodegradável poli(ácido lático-co-lisina). J. Am. Chem. Soc. 115:11010.

Gogolewski S, Mainil-Varlet P, Dillon JG. (1996) Sterility, mechanical properties, and molecular stability of polylactide internal fixation devices treated with low temperature plasmas. J. Biomed. Mater. Res. 32:227.

Khorasani MT, Shorgashti S. (2006) Fabrication of microporous polyurethane by spray phase inversion method as small diameter vascular grafts material. J. Biomed. Mater. Res. Part A 77:253.

Khorasani MT, Mirzadeh H. (2007) Effect of oxygen plasma treatment on surface charge and wettability of PVC blood bag-in vitro assay. Radiat. Phys. Chem. 76:1011.

Falletta E, Bonini M, Fratini E, Lo Nostro A, Pesavento G, Becheri A, et al. (2008) Clusters of poly(acrylates) and silver nanoparticles: structure and applications for antimicrobial fabrics. J Phys Chem C 112:11758.

Rai M, Yadav A, Gade A. (2009) Silver nanoparticles as a new generation of antimicrobials. Biotec Adv 27:76.

Lee JY, Nagahata JLR, Horiuchi S. (2006) Efeito de nanopartículas metálicas na estabilização térmica de nanocompósitos de polímero/metal preparados por um processo de secagem num só passo. Polymer 47:7970.

Agarwal A, Weis TL, Schurr MJ, Faith NG, Czuprynski CJ, McAnulty JF, et al. (2010) Superfícies modificadas com películas poliméricas impregnadas de prata com nanómetros de espessura que matam as bactérias mas suportam o crescimento de células de mamíferos. Biomaterials 31:680.

An YH, Friedman RJ. (1998) Concise review of mechanisms of bacterial adhesion to biomaterial surfaces. J Biomed Mater Res 43:338.

Buschle-Diller G, Cooper J, Xie Z, Wu Y, Waldrup J, Ren X. (2007) Libertação de antibióticos de fibras bicomponentes electrospun. Cellulose 14:553.

Latterini L, Blossey R, Hofkens J, Vanoppen P, De Schryver FC, Rowan AE et al. (1999) Ring Formation in Evaporating Porphyrin Derivative Solutions. Langmuir 15:3582.

Okubo T, Kanayama S, Ogawa H, Hibino M, Kimura K. (2004) Estruturas dissipativas formadas no decurso da secagem de uma solução aquosa de poli(cloridrato de alilamina) num vidro de cobertura. Colloid. Polym. Sci. 282:230.

Wagner CD, Davis LE, Zeller MV, Taylor JA, Raymond RH, Gale LH. (1981) Fator empírico de sensibilidade atómica para análise quantitativa por espetroscopia eletrónica para análise química. Surf. Interface Anal. 3:211.

Pol VG, Srivastava DN, Palchik O, Palchik V, Slifkin MA, Weiss AM et al. (2002) Sonochemical Deposition of Silver Nanoparticles on Silica Spheres. Langmuir 18:3352.

Kostowskyj MA, Kirk, DW, Thorpe SJ. (2010) Catalisadores de nanofios de Ag e AgMn para células de combustível alcalinas. Int. J. Hydrogen Energy 35:5666.

Khorasanni MT, Mirzadeh H, Irani S (2008) Plasma surface modification of poly(L-lactic acid) and poly(lactic *-co-glycolic* acid) films for improvement of nerve cells adhesion (modificação da superfície por plasma de películas de ácido poli(L-lático) e ácido poli(lático-co-glicólico) para melhorar a adesão das células nervosas). Radiation Physics and chemistry 77: 280.

Visai L, Rimondini L, Giordano C, Del Curto B, Sbarra MS, Franchini R et al. (2008) A modificação eletroquímica da superfície do titânio para pilares de implantes pode afetar a contaminação por bactérias orais. Journal of Applied Biomaterials and Biomechanics 6:170.

Ludwicka A, Jansen B, Wadstrom T, Pulverer G. (1984) Attachment of staphylococci to various synthetic polymers. Zbl Bakt Hyg A 256:479.

Del Curto B, Brunella MF, Giordano C, Pedeferri MP, Valtulina V, Visai L et al. (2005) Diminuição da adesão bacteriana ao titânio tratado superficialmente. Int J Artif Organs. 28:718.

Sharma M, Visai L, Bragheri F, Cristiani I, Gupta PK, Speziale P. (2008) Efeitos fotodinâmicos mediados por azul de toluidina em biofilmes estafilocócicos. Antimicrobial agents and chemotherapy 52:299.

Gomathi N, Sureshkumar A, Neogi S. (2008) Polímeros tratados com plasma RF para aplicações biomédicas. Curr Sci, 94:1478.

Yuranova T, Rincon AG, Bozzi A, Parra S, Pulgarin C, Albers P et al. (2003) Antibacterial textiles prepared by RF-plasma and vacuum-UV mediated deposition of silver. J Photoch Photobio A 161:27.

yes
I want morebooks!

Buy your books fast and straightforward online - at one of world's fastest growing online book stores! Environmentally sound due to Print-on-Demand technologies.

Buy your books online at
www.morebooks.shop

Compre os seus livros mais rápido e diretamente na internet, em uma das livrarias on-line com o maior crescimento no mundo! Produção que protege o meio ambiente através das tecnologias de impressão sob demanda.

Compre os seus livros on-line em
www.morebooks.shop

Printed by Books on Demand GmbH, Norderstedt / Germany